KB063213

지구를 위한 식탁 토론

오! 우리가
먹는 사이에

지구를 위한  식탁 토론

오! 우리가
먹는 사이에

이승희
지음

우리학교

차례

따르릉, 어느 날 지구에게서 온 전화

안녕! 난 지구야. 너희는 몇 살이야? 한 10년 하고도 조금 더 살았니?

나는 나이가 좀 있어. 46억 살이야. 나이 차이는 꽤 나지만 너희랑 잘 지내고 싶어. 괜찮지?

난 태어나고 나서 10억 년 동안 너무 심심했어. 그 지루한 시간을 깨고 어느 따뜻한 날, 뭔가가 꼬물거리더라고. 짠! 세포가 여러 개인 생명체가 나타났지. 그게 6억 3,000만 년 전이야.

다시 9,000만 년이 흘렀어. 그 사이 생물이 있었다는 증거는 사실 없어. 증거는 화석이 말해 주는데, 생명체에 뭔가 딱딱한 게 있어야 화석이 생기거든. 그러다가 껍데기를 가진 생명체들이 나타나 화석이 생기면서 그 시대

6

의 증거가 됐지. 그 시대가 고생대야. 그리고 내 몸의 85퍼센트에 절지동물
이 나타났어. 절지동물이 뭐냐고? 바퀴벌레 같은 거. 징그럽다고? 그 녀석
들, 너희가 다 죽어도 살 거야. 미안, 미안. 너희가 바퀴벌레보다 못하다는
건 아니고, 뭐 그놈들이 너희보다 적응은 잘해. 그리고 한 4억 년 전부터야,
내 머리는 초록색으로 물들어 갔지. 식물들이 쑥쑥 자라기 시작했거든.

　이런 이야기, 관심 없다고? 뭐 이런 '라떼' 이야기하려고 전화통 붙잡았
냐고? 그렇지만 너도 지구인이니까, 이 나이 많은 지구의 이야기를 끝까지
들어 줘. 마지막에 너희에게 하고 싶은 말이 있어서 그래. 어디까지 이야기
했더라?

　그 고생대에 말이야 한 번, 두 번, 세 번에 걸친 대멸종이 있었어. 첫 번
째 대멸종은 4억 4,500만 년 전 고생대 오르도비스기에 이산화탄소 농도
가 줄면서 지구 온도가 떨어지고 빙하기가 찾아왔어. 그러고 보면 지금도 이
산화탄소가 0.03퍼센트 덮고 있거든. 요 쪼끄마한 기체가 아주 나를 들었
다 놨다 하고 있어. 어쨌든 고생대에 이산화탄소 농도가 줄어든 건 식물이
늘면서 광합성을 하려고 이산화탄소를 너무 많이 가져갔기 때문이야. 그리
고 지각변동도 일어나면서 대멸종이 시작된 거지.

　두 번째 대멸종은 약 3억 7,000만 년 전 고생대 데본기 말에 일어났는
데 표면 온도가 34도에서 26도로 떨어졌어. 소행성이 충돌해서 엄청난 양
의 화산재가 올라오면서 햇빛을 막았는지 그때 갑자기 서늘해졌던 기억만
가물가물 남아 있어.

　세 번째 대멸종은 2억 5,100만 년 전 고생대 페름기 즈음이야. 대륙이
하나로 뭉쳐지면서 초대륙을 형성했지. 이때 대륙끼리 이리저리 부딪치면서

여기저기서 화산이 폭발했어. 그때 나온 이산화탄소로 내 체온이 6도나 높아졌어. 화산이 폭발할 때 나온 유독한 기체가 오존층을 파괴했고, 태양으로부터 오는 강한 자외선을 막아 주지 못했어. 오존층이 있어야 자외선을 막아 주거든. 자외선은 살균효과가 있는 강한 빛이야. 조금 쐬면 소독이 되지만 강하게 쏘이면 다 죽어. 그때 식물들이 많이 죽었어. 그러니까 광합성 결과 나오는 산소도 부족해졌지. 산소도 없고 식물도 없던 그때는 숨도 못 쉬고 먹을 것도 없으니 첫 번째, 두 번째와는 비교도 안 되게 많은 생물이 죽었어.

네 번째, 다섯 번째 대멸종은 중생대에 있었어. 2억 500년 전이야. 중생대 트라이아스기 말에서 쥐라기 사이야. 이번에는 하나였던 대륙이 분열하면서 또 화산이 폭발했어. 나를 덮고 있는 피부, 그러니까 지각이 그렇게 가만히 있지는 않거든. 갈라지고 터지고 부딪히고. 그러면서 기후는 다시 변했어. 이때 경쟁자들이 죽고 공룡이 우위를 차지하며 공룡 시대가 열렸지. 어찌나 쿵쾅거리며 다니던지. 그런데 다섯 번째 대멸종 때 이 공룡들이 다 사라졌어. 6,500만 년 전 중생대 백악기 말에 소행성이 떨어졌거든.

결국 내 위에서 무수히 많은 생명체가 살다가 다 죽어 버렸다는 이야기야. 멸종 이야기지. 왜 갑자기 멸종 이야기를 하냐고? 지금 여섯 번째 대멸종이 진행되고 있어서 그래. 그것도 가장 심각했던 세 번째 대멸종 때와 다른, 아주 빠른 속도로 말이지. 이제까지 가장 큰 규모의 멸종을 손꼽으라면 페름기 때의 세 번째 대멸종인데, 그때도 수백~수천만 년에 걸쳐 서서히 멸종되었어. 지금은? 하루 만에 10종씩 사라지고 있어.

대멸종이 일어나는 이유도 이제까지와는 달라. 지금까지는 지각이 변하거나 화산 활동이나 외부 소행성 충돌로 기후가 변하면서 멸종되었어. 지금은 천재지변이 이유가 아니야. 적어도 내 위에 살던 그 무엇 때문에 여지껏 멸종이 일어나진 않았거든. 그런데 지금은 바로 내 위에 살고 있는 단 하나의 종 때문에 멸종이 진행되고 있어. 바로 너, 너 때문이야. 내가 너를 딱 지목하니 졸다가 깜짝 놀랐지?

마지막 빙하기였던 2만 년 전 평균기온은 지금보다 약 4도가 낮았어. 그런데 2만 년 전부터 1만 년 동안 급격히 온도가 오르기 시작하면서 평균기온은 4도가 올랐지. 사람들은 농사짓기 좋다면서 내 머리 여기저기에 벼나 옥수수, 밀을 심기 시작했어. 농경 시대가 열린 거지. 그런데 최근 100년 만에 평균기온 1도가 올랐어. 자연스러운 최대 속도보다 25배나 빠른 속도야. 이대로 가면 100년 안에 4~5도가 더 오를 거야. 자연 상태보다 100배나 빠른 속도야. 이대로 둬서 내가 다시 4도가 오르면 인류의 문명을 꽃 피워 온 홀로세(약 1만 년 전부터 현재까지의 지질 시대)가 막을 내리고 새로운 지질 시대로 이동하게 될 거야.

난 그냥 돌덩어리는 아니야. 중력으로 공기를 끌어당겨서 우주로 날아가지 못하게 해 공기를 품고 있지. 태양 주위를 도는 행성 중에 물을 품고 있다는 것도 아주 놀라운 일인데, 이 물이 모두 수증기가 되지 않을 만큼 온도를 유지하고 있다는 게 인간한테는 얼마나 천만다행인지 아니? 생물이 번성해서 살기 좋거든. 그런데 갑자기 인류가 등장해서 다 망치고 있어. 지금 내가 품고 있는 생물 중에 양서류 30퍼센트, 포유류 23퍼센트, 조류 12퍼센트가 조만간 사라질 거야. 살려고 애를 쓰고 있는 게 보이는데 속상해.

난 너희들이 그럴 자격이 없다고 말하고 싶어. 너희가 제일 늦게 등장한

막내 종이거든. 무슨 말이냐고? 현재를 자정으로 한다면 너희는 3초 전에 짠! 하고 나타났어. 내가 태어난 시간을 0시로 잡는다면 새벽이 지나 아침이 되었을 때도 침묵 속에 시간이 째깍째깍 흘렀고, 점심을 알리는 12시가 지나고 오후 4시가 되도록 아무 일도 일어나지 않았지. 그리고 저녁이 지나고 나서 오후 8시 30분, 드디어 바다에 무언가 꼬물꼬물하더니 조금 지나 육지에 식물이 나타나기 시작했어. 식물들이 광합성을 통해서 산소를 풍부하게 만들어 놓고 기다리니 오후 9시 4분에 껍데기가 있는 삼엽충이 등장했어. 그리고 오후 11시 55분, 그러니까 현재를 자정 12시라고 했을 때, 자정이 되기 5분 전에 공룡이 등장했지. 그 녀석들이 쿵쾅거리며 으르렁거리다 사라지니, 연약해 보이지만 지능이 높은 너희가 자정이 되기 3초 전에 짠, 나타난 거야.

그동안 내가 얼마나 정성껏 품어 낸 지구의 생명들인데 너희가 막내로 태어나서 다 망친다고 꾸짖기보다는 너희도 사라져 버릴까 봐 걱정돼서 전화한 거야.

내가 품고 있는 물과 공기는 가만히 안 있고 흘러 다녀. 그러면서 열을 골고루 나눠 주지. 물과 공기가 움직이면서 일정한 패턴이 나타나는데 그게 기후야. 기후는 내 성격 같은 거야. 성격은 잘 안 변한다는데, 나 요즘 성격이 변하고 있어. 사람들은 성격이 변하면 죽을 때 다되었다고 하잖아. 그때는 난폭하던 사람이 좀 순해지는데, 난 반대야. 좀 요란스러워졌다고 해야 하나, 사나워졌다고 해야 하나? 그도 그럴 것이 이전보다 더워. 그것도 급격히 더워지고 있어. 비닐옷 입고 태양 주변 돌기, 뭐 이런 식이지. 내가 성격 변했다고 다들 난리야. 그래서 내가 곧 죽을 때가 된 것처럼 어쩌고저쩌고 지구를 살리자는 말은 왜 그렇게 많은지.

근데 내 걱정할 때가 아니야. 난 이러나저러나 45억 년을 살아왔어. 더워도 살았고 추워도 살았어. 내 위에 어떤 종이 살다가 가고, 또 다른 종이 살다가 가도 난 그냥 지구였어. 좀 변화한 모습의 나일 뿐이라고. 어쨌거나 내 위에 살던 생물들이 환경에 따라 변화해도 내가 하나라는 사실은 변하지 않지. 그런데 인간은 마치 내가 1.7개 있다고 생각하고 살고 있어. 내가 품고 있는 자원을 마구 사용하고 버리면서 말이야. 특히 내 위에 사는 작은 나라, 대한민국 말이야. 이 작은 나라에서 지금 먹는 대로라면 내가 한 2~3개는 되어야 할 거야.

시간이 얼마 없어. 탄소 예산이 떨어져 가고 있어. 모든 것이 변하는 순간이 얼마 안 남았다는 뜻이라고. 탄소 예산은 지구인 내가 열이 오르는 정도를 1.5도 또는 2도 이하로 머무르도록 배출할 수 있는 최대 탄소 배출량이야. 그 사이로 맞추지 않으면 되돌리기 힘든 상태가 되어 버려. 너희들이 노력해도 안 되는 그런 상황이야. 이제 더는 탄소 중립이니 이산화탄소를 줄이자느니 그런 노력조차 할 수 없는 통제 불가능 상황이 생길 수 있어. 인류는 화석 연료를 사용해서 매년 42.2기가톤의 이산화탄소를 대기로 배출해. 이제 겨우 250기가톤만 남았어. 1.5도 목표를 지키려면 배출할 수 있는 탄소가 2023년을 포함해서 6년치밖에 안 남았지. 그래도 1.6도, 1.7도로 제한할 수 있다면 2도 상승하는 것보다 훨씬 낫기 때문에 0.1도마다 안간힘을 써야 해. 그래야 너희가 살 수 있어. 너희는 나를 살리려고 하지만, 나는 너희를 살리고 싶은 거야.

너희들이 다른 나라 평균보다도 더 먹고 있고. 나를 2~3개 된다는 듯 쓰고 있어서 전화했어. 하지만 대한민국 어른이 아닌 청소년에게 전화한 이유가 또 하나 있지. 이제까지의 소비가 너희 문제는 아니었다는 것. 너희도 피해자로 이전보다 못한 환경에서 이전 세대보다 더 오래 살아야 한다는 것. 급변하는 상황 속에서 또 미래를 물려 주어야 할 세대로 책임이 크다는 이유 때문이야.

그러니 힘껏 소리 질러. "멈춰! 이러다 다 죽어!" 이런 말도 좋아. 지금부터 나를 위한, 아니 정확히는 너희를 위한 길을 함께 찾아보면서 같이 외쳐 보자. "멈춰!"

지구의 말을 잘 들어 봤나요? 지구 온도 1.5도가 넘어가면 되돌릴 수 없는 가역적 반응으로 우리의 노력이 소용없어질 때가 옵니다. 이미 2023년 3월부터 2024년 2월까지 지난 12개월 동안 지구 평균기온은 산업화 이전 수준보다 1.56도가 높았어요. 지금 이 순간 아무리 사소한 행동이라도 하지 않는 것보다는 하는 게 좋습니다. 그래서 작은 행동 하나를, 작은 불씨 하나를 일으킬 여러분에게 힘을 싣기 위해 불씨를 일으킬 촛불 하나를 특별히 식탁으로 가져와 봤어요. 우리가 피부로 지구 온난화를 느끼는 때는 이미 늦었고, 가장 먼저 먹거리를 통해 이 상황을 실감하게 되기 때문이죠.

기후 위기는 생물 다양성의 변화와 멸종으로 나타납니다. 이는 곧 우리 식탁의 먹거리 변화와 부재로 나타날 거예요. 이미 다른 나라 사람들이 겪고 있는 불행이 우리의 식탁에서도 벌어질 거예요. 이를 극복하려는 수많은 공학적 기술의 산물은 늘 논란거리와 함께 포장되어 상대적으로 가지지 못한 자의 식탁을 채우겠지요. 기후 위기로 인한 피해를 남의 나라 이야기로 여기고 나 이외의 인간을 포함한 다른 생물들의 고통에 눈 감을 때, 시간 차이를 두고 그것은 우리에게 화살을 돌리고, 그 고통은 우리의 고통으로 연결될 겁니다.

우리는 거대한 지구 시스템 속에 공존하는 생물 다양성의 일부이며, 우리의 입은 다른 생물들과 연결된 통로입니다. 우리는 다른 종을 통해 영양분을 섭취하고 있어요. 다양한 다른 종을 직접 만나는 장소가 우리의 식탁이고, 우리의 입은 다른 생물종과 연결된 네트워크의 접속 부위예요. 그러니 식탁은 우리가 기후 위기를 피부로 느끼는 통로이자, 기후 위기를 막을 수 있는 실천을 직접 해볼 수 있는 가장 가까운 장입니다. 여러분이 식탁으로 들고 온 작은 촛불에 불씨를 일으키고 산소 같은 활력을 불어 넣어, 지구를 위한 먹거리, 지구의 식탁을 환하게 비춰 주기 바랍니다.

2024년 봄, 작은 식탁에 앉아서
이승희

1부

땅, 숲,
바다가 차린
다섯 개의 식탁

1. 첫 번째 식탁

상어와 곰과 거위가 있는 만찬
○ 우리가 먹는 것이 생명이라고?

지느러미를 모두 잃은 상어 몸뚱어리를 본 적이 있나요?

내 몸뚱어리는 심연 속으로 떨어진다, 계속 떨어진다. 나락으로, 나락으로. 숨이 막혀 온다. 아무것도 할 수 없는 지금, 모든 게 믿기지 않는다. 조금 전까지 난 아가리를 벌리고 날카로운 턱으로 위협하고 으스대던 바다의 왕, 최상의 포식자, 죠스, 죠스였다. 눈 깜짝할 사이 지느러미들을 빼앗기고 내 몸뚱어리는 깊은 바다 밑바닥에서 굴러다니는 거대하고 흉물스러운 쓰레기가 되었다. 그들은 지느러미를 뺀 내모든 걸 부정했다. 나의 육체, 힘, 속도, 자유로운 유영, 그 모든 걸. 비웃듯이 다가온 불가사리가 천천히 내 살점을 뜯고 있다. 이들의 노리갯

고급 중식당에서 우아하게 코스 요리를 시키면 처음 나오는 수프 한 접시, 어떻게 만들어졌을까요? 상어는 연골어류인데 특유의 암모니아 냄새로 고기 자체가 사랑받지는 못해요. 하지만 지느러미인 샥스핀은 손꼽히는 최고급 요리 재료입니다. 상어 전체 몸의 1~5퍼센트 정도밖에 안 되죠. 상어를 잡기 위해 바다로 나가는 배의 공간은 한정되어 있어요. 배 안에 되도록 많은 양의 상어 지느러미를 채워야 효율적이겠죠? 예를 들어 상어 3마리를 잡아 배에 실으면 배가 꽉 차겠지만, 지느러미로만 배를 채우면 100개나 실을 수 있어요.

사람들은 생각해 냈습니다. 상어를 잡은 즉시 필요한 지느러미만 칼로 베어 내고 필요 없는 몸뚱어리는 산 채로 바다에 던져 버리는 방법을요. 더 빠르게, 더 많이, 더 계산적으로 얻어 낸 상어 사냥법, 샥스피닝shark's finning입니다. 인간에게는 매우 효율적인 방법이죠? 하지만 상어는요? 우리로 치면 팔다리가 잘려 바다에 던져진 셈이에요.

어떤 상어들은 아가미에 운동 기능이 없어 바닷물을 입으로 통과시켜야만 호흡할 수 있어요. 그래서 숨을 쉬려고 입을 벌리고 있는 건데, 이 모습이 날카로운 이빨을 드러내고 위협을 하는 것처럼 보이죠. 지느러미가 잘려 나간 상어는 헤엄칠 수 없기에 바닷물을 입으로 통과시키지 못하고 호흡도 할 수 없어 결국 질식해서 죽게 됩니다. 아가미에 운동 기능이 있는 다른 상어 종들도 고통스럽게 죽기는 마찬가지입니다. 지느러미가 없어 헤엄을 못 치고 먹이를 잡지 못해 심해 바닥위) 지느러미가 잘린 채 배에서 버려진 귀상어.
아래) 상어 남획을 반대하는 퍼포먼스.

에서 몸뚱어리를 데굴거리다가 굶어 죽거나, 잘려 나간 지느러미 상처의 과다 출혈로 서서히 죽음에 이르고 말지요. 샥스핀 수프 한 그릇에는 상어 한 마리의 절망과 비참한 죽음이 함께 녹아 있는 것입니다.

가끔은 사람을 해치는 바다의 무서운 포식자니까 상어의 죽음은 당연하다고 생각하나요? 상어는 〈죠스〉라는 영화에서 공포스러운 식인 괴물로 나와서 죽어 마땅한 이미지를 얻기도 했어요. 그래서인지 무분별한 남획과 사냥으로 멸종 위기종이 되었는데도, '고래 보호 캠페인'과 달리 '상어 보호 캠페인'에 호응하는 사람들은 별로 없답니다.

혹시 상어가 사람을 공격하는 이유를 알고 있나요? 식인 상어라서 그럴까요? 하지만 상어는 사람을 잡아먹기 위해 공격하지 않아요. 상어 시력은 인간의 6분의 1 수준으로 세상이 흑백으로 보이죠. 서프보드를 탄 사람은 바닷속 상어의 시선에선 물개로 보여요. 바다의 최상위 포식자지만 상어는 주로 작은 생물인 플랑크톤을 먹이로 섭취하죠. 상어에게 목숨을 잃는 사람은 얼마나 될까요? 전 세계에서 고작 1년에 10여 명이에요. 전 세계에서 1년 동안 개가 사람을 해친 숫자인 2만 5,000여 명에 비하면 아주 적은 숫자입니다. 그렇다고 우리는 개가 죽어 마땅하다고 생각하지는 않아요. 반대로 인간에게 목숨을 잃는 상어의 수는 연간 1억 마리를 넘습니다.

상어가 사라지면 바다 생태계는 파괴됩니다. 최상위 포식자가 사라지면 중간 포식자의 개체 수가 늘어나고, 그러면 중간 포식자의 먹이인 하위 포식자 수가 줄어드니까요. 해양 생태계는 바닥부터 무너집니다. 상어는 어린 해파리도 많이 섭취해요. 상어가 사라지면 바다에 해

파리의 개체 수가 늘어나 그 독에 사망하는 사람이 지금보다 훨씬 많아질 거예요.

상어는 지구상에 공룡보다도 먼저 출현해 5번의 대멸종에서도 살아남았어요. 하지만 지금 인간에 의해 멸종을 앞두고 있지요. 국제자연보전연맹IUCN은 지난해 상어와 가오리 같은 연골어류 3분의 1 이상이 남획으로 멸종 위기에 놓여 있다고 발표했어요. 상어 지느러미의 국제 거래 현장을 조사한 결과, 그중 3분의 2 이상이 멸종 위기종으로 드러났죠. 그래서 2022년 멸종위기에처한동식물국제거래협약CITES에서는 보호 상어 종을 20퍼센트에서 90퍼센트로 늘리고, 상어 지느러미의 국제 거래를 엄격히 제한했습니다. 샥스핀을 3대 진미로 꼽는 중국도 2013년부터 공식 연회에서 이를 금지하고 있어요.

하지만 2020년대 들어 우리나라는 줄곧 상어 지느러미를 20여 톤씩 수입하고 있어요. 킬로그램당 600~1,000달러(우리 돈 약 78~130만 원)의 비싼 가격에 불법 거래되죠. 일부 특급 호텔과 고급 중식당에서도 여전히 샥스핀 요리가 팔리고 있고요. 왜일까요? 상어 지느러미에 기가 막힌 효능이 있는 걸까요? 그렇지 않아요. 상어 지느러미는 주로 콜라겐으로 이루어진, 필수 아미노산이 부족한 불완전 단백질이에요. 달걀 하나보다 못한 영양을 지녔죠. 맛은 어떨까요? 아무런 맛도 향도 없어요. 샥스핀은 오직 양념 맛이에요. 최상위 포식자에게 가장 많이 농축되는 수은과 중금속 때문에 오히려 건강을 위협할 수 있어요. 그런데 왜 누가 계속 샥스핀을 먹는 걸까요? 3대 진미를, 귀한 음식을 먹는다는 만족감과 허영심을 먹고 있는 건 아닐까요?

바짝 마른 반달가슴곰과 살찐 거위

몸에 좋다는 웅담은 곰 쓸개를 건조해 만듭니다. 곰을 최소 10년 동안 작은 철창에 가두어 사육하며 때로는 산 채로 가슴을 열어 쓸개즙을 뽑아냅니다. 주로 흑곰이나 반달가슴곰이죠. 반달가슴곰은 천연기념물이에요. 어떤 곰은 지리산에서 벌이는 복원 사업 덕분에 특별 관리를 받는데, 어떤 곰은 사육장의 재산으로 취급되어 쓸개즙을 얻는 데 이용되고 있어요. 반달가슴곰이 천연기념물이 된 이유도 웅담을 얻으려고 남획했기 때문이죠. 보호종으로 지정되기 전에 사업장에 등록된 반달가슴곰들은 개인 소유라서 구해 줄 방법이 없어요.

우직하고 참을성 많은 곰이 10여 년을 갇혀 좁은 철창 안을 왔다 갔다 하는 이상 행동을 보이다 풀려나는 날은 쓸개를 내어 주고 죽는 날입니다. 곰에게 10살의 나이는 막 성년이 된 때입니다. 자연 상태에서는 50년도 더 살 수 있어요. 2026년에는 곰 사육을 끝내겠다고 하지만, 그 후에 곰들이 어떻게 될지는 아직 아무도 모릅니다.

푸아그라foie gras는 프랑스어로 거위의 지방간을 뜻해요. 거위는 기러기과 철새로, 늦가을 무렵 겨울을 나기 위해 평소보다 많이 먹어요. 영양분이 쌓인 거위의 간은 이 시기에만 맛볼 수 있는 별미죠. 하지만 사람들은 생각했죠. 겨울 말고도 더 자주, 더 많이, 더 싸게 먹을 수 없을까? 그래서 생각해 낸 게 가바주gavage 사육법입니다. 고대 이집트부터 시작된 가바주는 거위에게 강제로 많은 사료를 먹이는 방법이에요.

요즘은 어린 거위를 몸에 딱 맞는 철제 우리에 가둬 움직임을 최소화하고 기계를 사용해 사료를 주입해요. 목을 위로 잡아당겨 부리를 열고 금속 파이프를 목 안으로 넣고 버튼을 누르면 0.45킬로그램의 사료가 3초 만에 거위의 위로 들어가요. 거위 배 속에 호스를 집어넣어 사료를 주입하기도 하는데, 이 과정에서 거위 내부 장기는 상처투성이가 돼요. 고통에 발버둥 치다가 얼굴과 목에 상처를 입는 일도 다반사죠. 거위는 날개도 펼 수 없는 좁은 공간에 갇혀 매일 최소 2차례씩 이런 고통에 시달립니다. 이렇게 20일이 지나면 자연 상태보다 10배 크고 기름진 간이 완성돼요. 자연 상태에서는 40~45년을 살 수 있는 거위가 20일 만에 간을 내어 주고 죽는 겁니다.

현재 영국, 노르웨이, 스웨덴, 독일, 스위스 등 여러 유럽 국가는 푸아그라 생산을 금지하고 있어요. 2022년부터 미국 뉴욕시는 시내에서 푸아그라 판매를 전면 금지하는 법안을 제정했고요. 하지만 프랑스, 스페인, 벨기에, 불가리아, 헝가리 등은 여전히 푸아그라를 생산하고 있어요. 푸아그라를 꼭 먹어야만 할까요? 다른 방식으로 푸아그라를 얻을 수는 없을까요?

이 질문에 답한 농부가 있어요. 스페인 농부 에두아르도 소사는 자연의 방식이 최고의 방법임을 보여 주었답니다. 거위는 겨울이 되면 스페인을 떠나 북쪽으로 날아갔다가 여름에 다시 돌아와요. 먼 여행을 떠나기 전에 먹이를 집중적으로 섭취하는 것인데, 소사는 이 시기에 맞춰 무리하지 않고 자연스레 푸아그라를 얻어요. 거위의 대이동 이전에 1,000마리 중 절반만 도축하는 방식으로요. 나머지 500마리는 북쪽으로 날아갔다가 여름이 되면 1,000마리가 되어 다시 소사의 농장으로 찾아온다고 해요. 거위들이 겨울 동안 식구를 불린 거죠.

세계 3대 환경영화제 중 하나이자 아시아 최대 환경영화제인 서울국제환경영화제 포스터.
지구와 인간의 공존을 넘어 모든 생물과의 공존에 대한 생각을 나누는 영화 축제다.

소사는 거위들에게 맛있는 무화과와 올리브 열매 등을 마음껏 먹입니다. 거위들은 농장의 열매를 다 먹지 않고 반은 소사를 위해 남겨 둔다고 해요. 농장 울타리 담장 안쪽으로 전류도 흐르지 않습니다. 거위는 가두지 않아도 농장에 머물고, 가두지 않았기에 자연스레 다시 찾아와요. 거위들에게 소사의 농장은 여행을 떠나기 전 마음껏 쉬고 충분히 먹는 호텔인 거죠. 이렇게 하면 맛과 경제적 이윤을 보장하기 힘들 것 같다고요?

2007년 소사 농장의 푸아그라는 파리국제음식박람회에서 대상을 수상했어요. 세계적인 셰프 댄 바버는 "소사는 우리 모두에게 친환경적, 생태적 방법이 가장 윤리적이고 맛있는 선택이라는 걸 보여 줬습니다."라고 말했죠. 오바마 미국 전 대통령이 댄 바버의 레스토랑을 방문한 뒤로, 소사 농장의 푸아그라는 더 유명해졌어요. 푸아그라를 구하려고 1년 전부터 2배 가격으로라도 사겠다는 사람들이 줄을 섰어요. 그러나 딱 500마리만 도축하기 때문에 푸아그라를 얻을 수 있는 사람은 한정되어 있어요. 그래서 더 귀하게 인정받고 있죠.

소사는 이렇게 말해요.

"저는 거위들이 원하는 것을 줄 뿐입니다. 모든 해답은 자연에 있지요."

우리가 먹을 것을 학대와 사육이 아닌, 자연의 방법에 맡기고 생명을 배려하고 기다리는 일이 과연 어려운 일일까요?

2. 두 번째 식탁

치킨과 삼겹살과 햄버거로 차린 저녁
지구를 살리고 싶지만 고기는 먹고 싶어

맛있어서 슬픈 짐승, 닭

지금부터 이야기할 음식은 평소에도 먹고, 기념일에도 먹고, 33데이 (3월 3일)에도 먹고, 복날에는 꼭 먹고, 캠핑 가면 먹고, 축구나 야구를 보며 맥주랑 콜라와 함께 먹는 음식이에요. 맞아요, 치킨과 삼겹살! 우리는 어쩌다 치킨과 삼겹살을 이토록 사랑하게 되었을까요? 이 음식들이 어떤 과정을 거쳐 우리의 식탁에 오르는지 살펴봅시다.

30년을 사는 닭이니 한 달을 산 닭은 사람으로 치면 돌도 안 지난 갓난아기. 태어난 지 1년도 안 되어 얼굴은 아기인데 몸은 어른처럼 크다.

이들은 난생처음 햇빛을 보고 어리둥절. 마음이 설렌다. 하지만 곧 커다란 자동화 기계에 올려져 하나둘씩 갈고리에 거꾸로 매달린다. 머리는 수조에 담겨 전기 충격으로 잠시 실신. 이내 목숨이 붙어 있을 만큼만 목에 칼날이 박힌다. 곧바로 생이 끝나면 몸에서 피가 다 빠지지 않기 때문이다. 피가 빠지는 동안 뜨거운 물이 담긴 탱크에 빠트려져 털이 뽑힌다. 발이 잘리고, 이제야 목이 완전히 잘린다. 내장이 뽑히고 세척을 거쳐 통째로 또 부위별로 냉각 포장되면 이들은 식탁에 오른다. 치킨, 닭볶음탕, 닭찜, 삼계탕이 되어…….

　치킨이 될 닭을 육계라고 합니다. 밤낮 사료만 먹고 몸집을 불립니다. 그러다 보니 면역에 문제가 생겨 바이러스성 질병에도 잘 걸리고, 장기나 혈관이 제대로 완성되지 않은 상태에서 가슴과 다리를 중심으로 워낙 살이 쪄 급사하는 일도 많아요. 품종 개량과 성장촉진제로 짧은 기간에 너무 비대해지다 보니 심장마비로 죽는 거죠. 하지만 이렇게 닭이 죽어 나가도 빨리 성장하는 게 더 이익이기 때문에 얼굴은 병아리지만 몸은 닭인 상태로 삼계탕이나 치킨이 됩니다. 우리가 먹는 닭은 사실상 닭이 아니라 몸집이 커진 병아리예요.
　육계를 한 달 반 이상 키우면 살이 너무 쪄서 걷지도 못하고 바닥에 엎드려서 기어다니다 털이 다 빠져요. 그래서 육계는 태어난 지 한 달 반 만에 고기로 팔립니다. 그 짧은 시간 동안에도 팔기에 적당하지 않은, 빨리 크지 않는 병아리는 사료만 축내니까 그때그때 골라내 목을 비틀어 죽입니다.

닭을 기르는 공간이 넓으면 땅값과 시설 투자비, 알을 줍는 노동력 등 비용이 더 많이 들어가니 공장식 축산이 훨씬 경제적이죠. 하지만 닭을 넓은 땅에 풀어 키우면 호루라기 소리에 맞춰 날개를 활짝 펴고 언덕과 언덕 사이를 자유롭게 날아다니기도 한답니다. 닭은 신호에 맞춰 움직일 만큼 영리하거든요.

이번에는 완전 영양 식품인 달걀이 어떻게 생산되는지 봅시다. 달걀을 생산하는 닭을 산란계라고 해요. 전자레인지만 한 공간에 농구공이 몇 개나 들어갈까요? 1개는 굴러다니고 2개는 딱 붙게 들어가고 3개는 찌그러지면서 겨우 들어가겠죠. 그러면 농구공은 터지거나 바람이 빠질 거예요. 하지만 닭은 터지지 않아요. 그래서 심지어 억지로 4마리를 집어넣기도 해요. 생산성을 위해서요. 우리는 이 닭은 먹지 않고 닭이 낳은 알만 먹을 거니 상관없습니다. 닭이 어떻게 되든 주어진 공간에서 더 많은 달걀을 생산하는 게 목적이죠.

억지로 구겨 넣은 4마리 중 가장 약한 1마리가 철창 바닥에 깔려요. 4마리가 다 서 있을 수 없는 비좁은 공간이니까요. 닭장 바닥은 알이 굴러가게끔 아랫부분이 뚫려 있고 15도에서 20도 정도 앞으로 기울어져 있어요. 그래서 닭들은 균형을 잡으려고 밤낮없이 움직입니다. 닭의 발가락에는 '홰'라는 닭장 안 나뭇가지를 움켜쥘 만큼 날카로운 발톱이 달려 있어요. 조류의 특징이죠. 바닥에 깔린 닭은 동료들의 날카로운 발톱에 생살이 뜯기는 고통을 견딜 수밖에 없습니다.

그래서 닭장 속의 닭들에겐 깃털이 거의 남아 있지 않아요. 우툴두툴한 맨살이 그대로 드러나 있죠. 사료를 먹으려고 목을 철창 밖에 빼위) 폐기될 병아리들을 분류하는 컨베이어 벨트 시스템.
아래) 밀집 사육되는 돼지들.

면서도 털이 빠지고, 꽉 낀 채로 부딪히는 동안에도 털이 다 빠져요. 이렇게 드러난 맨살을 서로 발톱과 부리로 쉼 없이 쪼아 댑니다. 쪼는 행위는 일종의 동족 살해 현상으로, 좁은 공간에서 스트레스를 받은 동물들에게 나타나는 이상 행동이에요.

이렇게 산란계들은 몸 하나에 머리가 넷 달린 괴생명체의 모습으로 뒤엉켜 죽을 때까지 끊임없이 서로를 쪼고 할퀴며 알만 낳다가 죽게 됩니다. 자연 상태에서 암탉은 연간 30여 개의 알을 낳지만, 산란계는 그 10배인 300여 개를 낳아요. 달걀 껍데기를 만드느라 칼슘을 다 써 버려 한 번도 펴 보지 못한 날개뼈는 조그만 충격에도 금세 부러져요. 산란계는 태어난 지 1년 반이면 늙은 닭이 되어 죽어요. 자연 상태에서 25~30년을 살 수 있었는데 말이죠.

병아리의 운명은 어떨까요? 병아리는 어미 닭이 품어 알을 깨고 나오지 않아요. 커다란 부화장에서 온도와 습도, 이산화탄소 농도 등을 맞춰 대량으로 알을 깨고 나와요. 갓 태어난 병아리에겐 컨베이어 벨트가 기다리고 있어요. 크기가 작은 것, 털이 없는 것, 털이 너무 하얀 것, 눈이 없거나 부리가 휘어진 것들은 그 자리에서 버려집니다. 알을 낳을 산란계라면 수컷도 필요 없으니 수평아리도 버려지지요.

버릴 때 죽이는 노력 따위는 하지 않아요. 버릴 병아리를 바구니에 던지고, 바구니가 차면 그 위로 바구니들을 계속 쌓을 뿐입니다. 바구니가 10단 정도 쌓이면 아래쪽 병아리들은 바구니 틀 모양대로 납작하게 눌려 한 덩이가 되죠. 그걸 자루에 버리려고 바구니를 뒤집으면 통조림에서 내용물이 빠지듯 '퍽' 소리를 내며 떨어져요. 그런데 거기서 '삐약' 소리가 들려요. 자루에 쓰레기를 담듯 병아리 덩어리를 발로 꾹꾹 눌러 채우면 음식물 쓰레기처럼 갈색의 끈적한 액체가 흘러나옵니다. 그때도 여전히 '삐약' 소리가 들려요. 자루 속 '삐약'거리는 내용물은 한동안 방치되다가, 때가 되면 트럭에 실려 거대한 분쇄기에 흙과 닭의 배설물과 함께 갈려 비료가 됩니다. 거대한 칼날이 돌아갈 때도 희미하지만 '삐약' 소리가 들려요. '삐약' 소리는 끝까지 자신들이 쓰레기가 아니라고 말하는 듯해요. 이 끔찍한 작업은 매일 무심히 반복되죠. 전 세계적으로 부화장에서 폐기되는 수평아리는 연간 70억 마리로 추산됩니다.

병아리를 버리지 말고 키워서 먹자고요? 수평아리를 바로 처리하는 이유는 사룟값 때문이에요. 육계의 경우는 한 달 반 만에 몸집이 커지도록 개량되었지만, 산란계는 그렇지 않기에 고기로 키워 팔려면 사룟값이 많이 들죠. 약해 보이는 병아리를 골라 내는 이유도 그 때문입니다. 사룟값이 전체 생산비의 거의 80~90퍼센트를 차지하니까요.

돼지로 태어났을 뿐인데

엄마 돼지 중에 좋은 종자를 생산하기 위한 목적으로 임신과 출산만 반복하는 돼지를 종돈이라고 해요. 종돈은 두툼한 철봉을 구부려 만든 우리, 즉 스톨에 갇혀 3년을 보냅니다. 폭이 70센티미터로 뒤로 돌 수도 없고 몸을 옆으로 30도만 틀어도 철봉에 부딪힙니다. 종돈이 할 수 있는 건 서 있거나 눕는 것뿐이에요. 종돈을 스톨에 가둔 채 수컷의 정액을 주입대로 생식기에 밀어 넣어 강제 임신을 시킵니다. 114일의 임신 기간 후 여전히 스톨에서 10~12마리의 새끼를 낳고 21일 동안 젖을 먹이고 나면 새끼들을 데려가요. 6일 후 다시 강제 임신을 당하는 운명이 종돈의 삶입니다. 이렇게 1년에 2번, 3년이면 7번 정도 새끼를 낳아요. 그 후엔 먹는 사료에 비해 낳는 새끼 수가 적어져 종돈을 죽입니다. 새끼를 낳다가도 죽고, 새끼를 낳지 못해도 죽고, 아프면 사료만 축내니까 죽임을 당해요. 사료를 얼마나 효율적으로 먹이느냐가 농장의 수익을 결정하니까요. 엄마 돼지는 고기로 키워진 게 아니라 질기기 때문에 보통 소시지용으로 싸게 팔려요.

왜 엄마 돼지는 스톨에 갇힌 채로 평생을 살까요? 이유는 간단해요. 사람이 관리하기가 편하기 때문이죠. 종돈의 품종, 사용 약품, 건강 상태, 마지막 출산일, 임신 날짜, 분만 예정일, 출산 횟수, 몇 마리를 낳았는지, 유산이 있었는지 등을 한눈에 쉽게 관리할 수 있죠. 인공 수정을 시킬 때도 편하고, 분만할 때 새끼 돼지를 빼내기도 편합니다. 좁은 공간에 돼지가 움직이지 못하고 갇혀 있으니까요. 그런 삶이 스트레스가 너무 심한지 엄마 돼지는 계속 쿵쿵 사료통에 머리를 박고 스톨의 철근을 잘근잘근 씹어 댑니다. 돼지가 움직이면서 자연스럽게 마모되어야 할 발톱이 기형적으로 자라 살을 파고들어, 그 고통으로 일어서지도 못할 때도 많아요.

"어떻게 하면 한 번에 더 많이 낳게 할까?" "어떻게 하면 더 빨리 임신하게 할까?" 엄마 돼지는 인간의 이런 철저한 계산 아래 정지된 시간 안에 갇혀 있어요. 살아 있는 동물의 기본적이고 자연스러운 움직임조차 통제받으며 임산과 출산의 고통을 반복하다 죽어요.

태어난 돼지, 앞으로 고기가 될 새끼 돼지의 삶은 어떨까요? 태어난 지 1주일 된 새끼 돼지를 만나 봅시다. 귀여운 돼지들이 엄마 젖에 옹기종기 모여 있네요. 그런데 오늘이 바로 그날이에요. 사람들이 와서 억지로 입을 벌리고 쇠를 집어넣더니 이를 잘라 버립니다. 비명을 지르고 도망가다 혀와 입이 잘리기도 해요. 피투성이가 된 입으로 꽥꽥 비명을 지르는 동안 잇달아 꼬리도 잘려 나갑니다. 아비규환은 아직 끝나지 않았어요. 이내 수컷들만 골라 고환에 11자로 칼집을 낸 다음 고환을 잡아 뜯어냅니다. 고통의 극치에서 내는 비명 소리가 농장을 넘어 하늘을 찌를 것만 같습니다.

무슨 일이냐고요? 태어난 지 1주일 만에 우리가 먹을 고기가 되기 위해 산 채로 다듬어진 거예요. 엄마 젖이 상하면 안 되니까 송곳니를 잘랐죠. 밀집 사육의 스트레스로 친구의 꼬리를 물어뜯는데 그 상처로 질병에 감염될까 봐 꼬리를 가위로 자른 후 상처 부위를 지졌죠. 물론 자연 상태에서 동료의 꼬리를 씹어 대는 돼지들은 없어요. 또 수컷 돼지는 사춘기를 지나며 특유의 냄새가 나기 때문에 냄새 안 나는 연한 고기로 만들기 위해 거세도 합니다. 새끼 돼지 뒷다리를 옆구리에 바짝 붙여 불룩 튀어나온 부위를 칼로 째고 손으로 잡아 뜯을 때, 마취도 하지 않아요. 시간과 비용과 일손을 줄이기 위해서죠.

3주 정도 젖을 먹은 후 새끼 돼지는 엄마와 헤어져요. 자연 상태에서는 13주 정도 엄마 젖을 먹어서 그런지 어미와 새끼를 억지로 떼어 놓을 때 거세게 저항하는 슬픈 울음소리가 사육장을 가득 채워요. 이제 돼지는 사료를 먹으며 빠르게 성장해 6개월 정도 되면 115킬로그

공장식 축산을 반대하는 호주와 뉴질랜드의 캠페인.

램(180근)이 됩니다. 6개월보다 빠르게 180근짜리 돼지를 만들어 내면 훌륭한 농장으로 인정받죠.

최소의 비용과 최대의 성장 사이에는 항상 죽음의 긴장이 감돕니다. 돼지가 지나치게 야위거나 잘 걷지 못하면 성장이 더디다는 증거예요. 오래 두어 봤자 들어가는 사룟값이 더 클 것 같은 돼지는 사육장에서 다리를 잡아 꺼내 바닥에 던지고 발로 배수로에 밀어 버려요. 입과 코로 피를 쏟아 내며 발버둥 치지만 추위와 배고픔에 몇 시간 못 버티고 숨이 끊어져요. 배수로를 따라 돼지우리에서 내려온 똥과 오줌이 모인 분뇨장에서.

뉴스에서 가끔 구제역이나 아프리카돼지열병 등 각종 감염병으로 살처분되는 돼지들을 볼 때가 있어요. 병에 걸렸든 안 걸렸든 감염병 확산을 막기 위해 소는 반경 500미터, 돼지는 반경 3킬로미터 이내로 모조리 살처분하고 있죠. 2010년 겨울부터 2011년 봄 사이에 348만 마리가 한꺼번에 살처분된 일도 있어요. 최근에도 한 해에 수십만 마리가 처리 대상이 되고 있죠. 감염병의 전파 속도가 빨라 많은 수의 가축을 한꺼번에 처리하려다 보니 생매장을 해요. 물론 매장 전에 약물이나 가스, 전기로 사살해야 하지만 현실적으로 지킬 수가 없어 생매장할 때가 많아요.

맛있어서 슬픈 짐승인 돼지는 살아 있어도 죽은 것과 다르지 않고, 그 죽음의 방법과 시간조차 유린당하고 있습니다. "어떻게 하면 빨리 살이 찔까?" "어떻게 하면 살코기와 지방이 많아질까?" "어떻게 하면 육질이 연해질까?" 이런 인간의 계산 아래 새끼 돼지는 고통으로 점철된 시간의 수레바퀴에 깔려 허우적거리다 6개월의 짧은 생을 마감합니다. 돼지를 개와 쉽게 비교해서는 안 되지만, 그래도 우리에게 친숙한 개를 생각하면 돼지의 고통을 짐작할 수 있어요. 개를 키워 보면 영리하게 상황도 판단하고 사람과 정을 나누는 것을 느낄 수 있죠. 돼지는 개보다 지능이 높아요. 지능이 더 높다고 동물의 권리를 더 인정하자는 건 아니에요. 다만 생각해 주세요. 돼지가 느낄 참담한 절망을. 우리도 단지 수많은 동물 중에 사람으로 태어난 거잖아요? 개는 개로 태어났고 돼지는 돼지로 태어났을 뿐이에요. 그 이유가 차별받는 삶을 사는 이유로 합당할까요? 삶과 죽음까지 부정당하는 차별은 차별을 넘어 학대입니다. 어쩌면 학대보다 더 끔찍한 이 상황을 우리는 어떻게 하면 좋을까요?

읽고 나니 많이 불편한가요? 몰랐으면 좋았을 거라는 생각도 들죠? '그래서 먹지 말라는 건가? 에라, 모르겠다. 난 고기 없으면 못 살아!' 할 수도 있고, '난 이제 도저히 못 먹겠어. 고기 안 먹을래.' 하면서 무조건 회피하고만 싶을 수도 있어요. 그래도 우리, 외면하지 말고 양극단이 아닌 모두를 위한 길을 함께 찾아보기로 해요.

생명과 음식 사이에서

닭장 속에는 암탉이 꼬꼬댁, 문간 옆에는 거위가 꽥꽥,
배나무 밑엔 염소가 음메, 외양간에는 송아지가 음매……

〈동물 농장〉이라는 동요 가사예요. 하지만 요즘 이런 동물 농장을

그린피스, 세계자연보호기금과 함께 세계 3대 환경 단체 중 하나인
'지구의 벗' 영국 지부가 진행하는 육류 소비를 줄이기 위한 캠페인 웹사이트.

찾아보기는 어려워요. 가축들은 다 좁은 건물 안으로 들어가 버렸어요. 그 뒤로 우리는 이 동물들이 어떻게 지내는지 알지 못해요. 마트에서 살코기로 만날 뿐이죠. 그렇지만 앞에서 보았듯, 우리가 좋아하면 좋아할수록 동물들은 잔인하게 다뤄집니다. 당하는 생명 외에는 그 잔인함을 인식조차 하지 못해요. 공장식 축산이 효율을 높이기 위해 대량생산, 분업화라는 이름으로 우리의 눈을 가리고 동물을 착취하기 때문이에요.

적은 비용을 투자해 빨리, 많이 생산해서 최대의 이윤을 얻는 일은 우리 사회에서 당연하게 여겨집니다. 다들 이를 목적으로 모든 단계, 모든 작업 과정에서 최선을 다해 경영할 뿐입니다. 소비자 입장에서도 싼값에 양질의 맛 좋은 음식 재료를 구매하는 건 합리적 선택이죠. 아무도 잔인함을 의도하지 않았습니다. 효율적 생산과 합리적 소비를 했을 뿐입니다. 상품을요.

하지만 이 상품이 물건이라면 좋을 텐데, '생명'입니다. 누구도 부인할 수 없는 사실입니다. 그런데도 동물들이 우리의 먹거리로 선택된 순간, 그들은 생명이 아니라 물건으로 취급되지요. 잘 포장되어 우리 앞에 놓인 살덩어리가 본래는 하나의 생명이었다는 생각이 필요합니다. 생명과 음식 사이에 무언가가, 그들의 고통과 우리의 기쁨 사이에 다리를 놓는 생각 하나가, 행동 하나가 필요합니다.

생명과 음식 사이! 본래는 생명이었는데 음식이 된 그들, 본래는 음식인데 생명이었던 그들! 한쪽에서 다른 한쪽을 상상할 수도 없는, 이 양극단의 엄청난 거리감을 우리는 어떻게 해야 좁힐 수 있을까요? 그

대답 중 하나가 동물 복지 농장입니다.

유럽 여러 나라에서는 동물 복지 농장을 운영해요. 법으로 정하기도 하고 보조금을 주며 지원하기도 하죠. 그 결과 알을 낳는 닭을 A4 종이 한 장보다 작은 공간에서 사육하는 걸 금지했어요. 미국, 캐나다, 뉴질랜드, 호주, 인도도 점진적으로 바뀌고 있어요. 2020년경부터 프랑스에서는 수평아리를 분쇄해서 죽이는 것을 금지했어요. 엄마 돼지를 가두는 스톨도 스웨덴, 영국, 유럽연합에서는 이미 2013년부터 금지하고 있고, 캐나다, 뉴질랜드, 호주도 단계적으로 폐지하고 있어요. 또한 지능이 높고 지루한 것을 못 참는 돼지의 습성을 고려해서 천장에 공이나 쇠사슬을 달아 돼지가 가지고 놀도록 배려하기도 합니다.

우리나라도 동물 복지를 향해 한 걸음씩 나아가고 있어요. 2020년 1월부터 새로 돼지 농장 허가를 받으려면 임신 6주가 지난 돼지를 스톨이 아닌 돼지 무리가 있는 공간에서 사육하도록 축산법 규칙이 개정되었어요. 기존 농가는 2029년 말까지 바꾸기로 했고요.

2018년부터는 알을 낳는 닭인 산란계를 위한 공간도 새로 짓는 닭 농장부터 A4 종이의 0.8배 넓이에서 1.2배 넓이로 넓히도록 했어요. 기존 농장은 2025년까지 점진적으로 바꾸어 나가고요. 동물 복지 농장이 되려면 닭을 가두지 않고 바닥에 풀어놓아 기르고, 높은 곳에 올라가는 것을 좋아하는 닭의 특성을 고려해서 홰를 설치하고, 알을 낳을 때는 무리와 떨어지고 싶어 하는 습성을 존중해 산란 장소도 별도로 마련해야 합니다. 밤에는 숙면을 취하도록 불을 꺼 주고요. 닭을 억지로 1주일 이상 굶겼다가 털갈이를 시키면 알을 다시 많이 낳게 되는

데, 이것도 금지했죠. 축산업 유통 관련 대기업들이 이에 동참하며 동물 복지 달걀을 앞다투어 판매하고 있어요. 동물들의 끔찍한 고통을 알리려는 노력, 이를 외면하지 않고 고치려는 노력이 이 모든 변화를 불러왔어요. 아직도 갈 길은 멀지만 그런 노력조차 없었다면 가축들의 고통은 더 가속화되었을 거예요. 우리의 관심이 다른 생명의 고통을 줄일 수 있어요.

동물 복지 농장만이 답일까?

그런데 동물 복지 달걀은 보통 달걀보다 2배 정도 더 비싸요. 동물에게 더 나은 삶의 환경을 제공하기 위해 소비자가 더 높은 축산물 가격을 지불해야 하죠. 지금으로서는 동물 복지 농장의 달걀과 고기는 가격이 올라갈 수밖에 없어요. 하지만 공장식 축산이 가격 면에서 꼭 유리하다고 말하긴 어려워요. 동물을 밀집해서 키울 때 감염병이 자주 발생하는데, 처리 비용이 비싸거든요. 2010~2011년 사이 엄청난 구제역이 발생했을 때 정부는 국민의 세금인 국가 예비비를 3조 3,000억 원이나 사용했지요. 공장식 축산에 대한 대가를 한꺼번에 지불한 셈이죠.

건강 면에서도 공장식 축산은 폐단이 있어요. 2017년 8월, 살충제 달걀 파동이 있었지요. 자연 상태에서 닭은 진드기나 기생하는 해충을 털어 내기 위해 흙에 몸을 비비는 '흙 목욕'을 해요. 하지만 철창에 갇힌 산란계는 스스로 진드기와 벼룩 등을 없애기 어려워요. 그래서 닭에게 살충제를 뿌렸는데, 거기에 간, 신장, 갑상샘에 이상을 일으키는 물질과 발암 물질 등이 들어 있었어요. 이런 성분이 우리가 먹는 달걀에서 발견되어 큰 사회적 문제가 되었습니다.

항생제 남용도 우리 건강에 문제를 일으켜요. 항생제를 사용한 대가는 결국 인간에게 돌아와요. 항생제의 적절한 사용은 동물의 질병 치료 면에서 필요하지만, 밀집 사육을 하면 예방 차원에서 과도하게 사용하게 돼요. 이렇게 사육된 축산품을 섭취하면 우리 몸에 항생제 내성이 생길 수 있어요. 항생제는 세균을 죽이는데, 세균이 항생제를 자주 접하면 저항력이 점점 강력해져서 적은 양의 항생제에는 끄떡도 안 하게 되죠. 우리 몸에 항생제 내성이 생기면 항생제를 투여해도 세균에 감염된 질병이 잘 낫지 않게 돼요.

또 공장식 축산은 주로 이주 노동자들을 고용해 저렴한 인건비를 주면서 운영해요. 환경이 열악해 우리나라 사람들이 기피하기 때문이죠. 그러다 보니 적은 인원이 가축을 관리하고 분뇨를 처리하는 등 노동 환경이 매우 좋지 않습니다. 우리나라에서는 한 해 평균 2.8명의 이주 노동자가 가축 분뇨를 처리하는 정화조 질식 사고로 사망하고 있어요. 2023년에도 67살 이주 노동자가 10년간 매일 100마리의 돼지를 돌보고 분뇨를 처리하다가 악취 나는 돼지우리 옆에서 사망하는 가슴 아픈 일이 일어났습니다.

마지막으로 공장식 축산은 소규모 자생 농가의 자립을 어렵게 만들어요. 축산이 대규모 기업이 모든 것을 관리하는 형태로 변하면서 소규모 농장은 대기업에 흡수되거나, 부품 공장처럼 전체 생산 라인 일부만 담당해요. 하나의 기업이 사료, 사육, 가공, 판매까지 전부 담당한다면 그만큼 소비자의 선택권도 제한됩니다.

공장식 축산이 인간과 지구에 끼치는 영향을 고발한 다큐멘터리 포스터.

그렇다면 전부 동물 복지 농장으로 바꾸는 게 답일까요? 그러면 좋겠지만 농장을 지을 땅은 한정되어 있으니 사육할 수 있는 가축 수가 줄어들겠죠. 우리나라처럼 좁은 땅에서는 동물 복지 농장으로 고기에 대한 넘치는 수요를 충족하기가 어려워요. 애초에 그래서 밀집 사육을 하게 됐던 거고요. 게다가 땅값과 관리 비용이 더 들어가서 이것이 전체 시장경제에 큰 영향을 미치게 될 거예요. 동물 복지 달걀과 동물복지 고깃값은 물론, 그 달걀을 사용한 빵값도 오르고 그 고기가 포함된 만둣값도 오를 거예요.

동물 복지 농장이 하나의 해결책일 수는 있지만 근본적인 해결책이 될 수는 없다는 생각이 들죠? 그렇다면 또 다른 방법은 뭐가 있을까요? 혹시 지금까지 동물을 '어떻게 키울까?'를 고민한 것 같지만, 결국 어떻게 키워서 '먹을까?'에 관한 이야기를 나누었다는 사실을 눈치챘나요? 어떻게 키우든 먹기 위해서, 그러니까 동물을 죽이기 위해서 키운다는 사실에는 변함이 없습니다. 자, 우리는 동물을 죽이지도 말고 먹지도 말아야 하는 걸까요? 정말로 채식만이 답일까요?

고기 없는 날의 비밀

고기, 좀 덜 먹으면 어떨까요? "헉!"이라고요? 너무 직접적인 제안이었나요? 채식은 선택일 뿐 강요할 수 없지만, 고기를 좀 줄이자고는 말해 볼 수 있잖아요. 이런 제안을 종종 학생들에게 하면 눈을 마주치지 않거나, 용기 있게 웃으며 말하죠.

"그럴 수 없습니다."

그래도 천천히 생각해 봅시다. 일단 우리가 고기를 너무 많이 먹고 있어요. 2010년 우리나라에 닭은 1,491만 마리였어요. 2022년 3월 기준 육계는 8,999만 마리, 산란계는 7,043마리로 늘었죠. 대한민국 총 인구수는 2023년 12월 기준 약 5,132만 명입니다. 닭이 사람보다 많아요. 치킨집은 또 어떻고요? 치킨 업계와 통계청 등에 따르면, 우리나라 치킨 가게는 2004년부터 꾸준히 증가해 2015년 정점을 찍고 서서히 감소 중인데, 그래도 2019년 기준으로 여전히 8만 7,000여 개로, 전 세계 맥도날드 매장 수 3만 8,000여 개보다 2배 이상 많아요. 우리나라 사람들의 치킨 사랑은 실로 엄청나죠?

돼지는 1975년 124만 마리가 2010년 980만 마리로, 2022년에는 1,117만 마리로 늘어났어요. 우리나라 인구 대비 5명당 1마리 꼴이에요. 그래도 부족해서 고기를 수입하고 있어요. 한 해 소, 닭, 돼지 수입량은 100만 톤 정도예요. 소고기와 돼지고기는 미국산이 각각 55퍼센트와 34퍼센트로 제일 많고, 닭고기는 83퍼센트가 브라질산이에요. 지금 우리나라의 1인당 육류 소비량은 1980년대와 비교하면 40년 만에 거의 5배나 늘었어요. 다른 나라와 비교하면 1.5배 더 증가했죠. 고기를 조금 적게 먹어도 되지 않을까요?

이번에는 고기가 될 가축이 '먹는' 이야기를 해 볼게요. 가축을 기르려면 먹여야 하니까요. 닭과 돼지는 99.9퍼센트가 사료를 먹어요. 반드시 건초를 먹어야 하는 소는 먹는 것의 절반가량을 사료로 섭취하죠. 가축을 먹이기 위해 지구에서 생산되는 곡물의 3분의 1 이상이 사료로 사용된다는 걸 알고 있나요? 우리나라의 가축 사육 두수는 2억 마리에 육박해요. 연간 전체 곡물 수요량은 2,000만 톤을 넘어가는데 이 중 사람이 먹는 것은 800만 톤 정도이고 나머지는 대부분 사료용이에요. 가축들을 먹일 사료를 다 어디서 구할까요? 국내에서 충당하기는 부족하니 수입에 의존하죠. 사료의 90퍼센트는 브라질과 미국 등에서 수입한 것들이에요. 미국에서 들여오는 사료용 콩과 옥수수는 유전자 조작 작물이 대부분이고, 브라질에서 수입하는 곡물은 아마존의 숲 파괴와 관련 있어요.

　고기를 먹는데 왜 아마존의 숲이 파괴될까요? '땅'이 필요하기 때문이에요. 전 세계적으로 육류 소비량은 산업혁명 이후 4배나 증가했어요. 인구가 늘고 세계 경제가 성장하고 부유한 사람들이 많아지면서 더 많은 고기가 필요해진 거죠. 그런데 고기를 먹기 위해서는 가축을 키울 땅이 필요하고, 가축을 먹일 사료를 재배할 땅도 필요합니다. 우리나라는 땅이 좁은데 고기에 대한 수요가 많아지니 들판에 방목하는 대신 밀집 사육, 즉 공장식 축산 방식으로 가축을 키우게 되었죠. 그러고도 부족해 고기를 수입하고 있고요. 다른 선진국들도 마찬가지입니다. 수요가 늘어난 만큼 더 넓은 땅이 필요하게 된 거죠. 그래서 아마존 숲으로 눈을 돌리게 되었어요. 숲의 나무를 베고 산불을 낸 다음 그 땅에 가축을 키우고, 콩과 옥수수를 심어 가축을 먹일 사료를 얻어요. 축산업으로 인해 전 세계 열대 우림은 해마다 우리나라 면적만큼 사라지고 있어요.

　그러다 보니 지구에 사는 동물 중에 고기를 얻기 위해 기르는 가축의 비율이 점점 더 커지고 있어요. 총 중량으로 따져 보면, 만년 전에는 야생동물이 지구 동물의 99퍼센트를 차지했는데, 현재는 야생동물이 단 1퍼센트이고 가축이 67퍼센트를 차지하고 있죠. 지구에 사는 사자는 4만 마리, 코끼리는 5만 마리인데 고기와 우유를 얻기 위한 소는 14억 마리나 돼요. 결과적으로 우리가 고기를 먹으려고 야생동물 서식지를 빼앗은 셈입니다. 고기를 줄이면 매년 그 땅의 일부라도 야생동물의 서식지로 돌려줄 수 있어요.

공장식 축산은 가축의 면역력을 떨어뜨려 감염병이 쉽게 자주 발생하게 만들어요. 그 결과 조류인플루엔자, 신종플루, 인간광우병 같은 인수 공통 감염병이 발생해 인간에게도 영향을 미치고 있어요. 또 야생동물 서식지에 가축을 키우면 야생동물의 바이러스가 가축에게 옮아와 돌연변이를 일으키고, 그 바이러스가 인간 세상으로 오죠. 그 결과 메르스, 사스, 코로나19처럼 우리가 예상치 못했던 질병에 노출돼요. 숲의 파괴는 인류를 팬데믹에 빠지게 하고 그 원인은 육식과 무관하지 않아요.

고기를 먹을 때마다 숲이 사라지고 지구가 뜨거워진다고?

고기를 먹는 건 지구 전체 식량이 가진 에너지 면에서 비효율적이에요. 한번 따져볼까요? 우리가 무인도에 떨어졌다고 가정해 봐요. 그런데 그곳에 천만다행으로 옥수수가 자라고 있고 닭도 한 마리 있어요. 여러분은 무엇을 먼저 먹어야 할까요? 옥수수? 닭? 먹고 싶은 순서대로? 조금 더 오래 버티려면 닭을 먼저 잡아먹으세요. 왜냐하면 닭을 키워서 나중에 잡아먹으려고 하면 여러분이 먹을 옥수수를 닭이

위) 고기와 사료를 키울 경작지를 얻으려 불태워지는 아마존 숲.

아래) 지구 육상 동물 생산량. 만년 전과 오늘날을 비교하면 99%를 차지하던 야생동물은

　　　단 1%로 줄고, 0%이던 가축은 67%나 늘어났다.

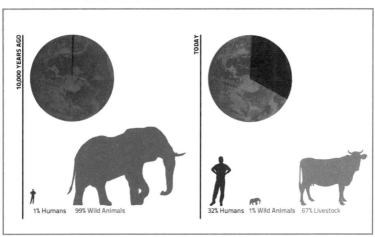

먹게 될 테니까요. 그만큼의 옥수수를 닭에게 빼앗기는 거죠.

옥수수를 먹어서 통통해진 닭과 여러분이 옥수수를 먹어서 통통해지는 걸 비교해 보면, 닭이 아니라 여러분이 옥수수를 먹는 게 훨씬 효율적입니다. 왜냐하면 닭은 우리가 먹었으면 좋았을 옥수수에서 얻은 열량으로 숨쉬고 배설하고 돌아다니면서 우리가 옥수수에서 얻을 뻔한 열량을 소모해 버릴 테니까요.

이처럼 육식을 줄이면 많은 양의 식량을 확보할 수 있어요. 축산업은 전체 농지의 80퍼센트를 사용하지만 거기서 인간이 얻는 열량은 필요한 양의 18퍼센트뿐이에요. 열량이 100인 곡물을 우리가 다 먹으면 100만큼의 열량을 전부 얻지만, 열량 100인 곡물을 돼지에게 먹이고 그 돼지를 우리가 먹으면 10에 해당하는 열량만 얻을 수 있어요. 우유는 40, 달걀은 22, 닭고기는 12, 소는 3만큼의 열량만 얻을 수 있죠.

같은 양의 고기를 얻는 데 들어가는 곡물의 비율도 따져 봐요. 품종이나 기술에 따라 조금씩 차이는 나겠지만 대략 돼지고기 1킬로그램을 얻으려면 곡물 6~7킬로그램이 필요해요. 소고기는 1킬로그램에 곡물 7~16킬로그램이 필요하고요. 물 사용도 축산이 채소 재배보다 훨씬 많이 들어요. 돼지고기 1킬로그램을 얻으려면 5,988리터의 물이 필요하지만, 토마토 1킬로그램을 얻으려면 214리터의 물만 필요하거든요.

이미 오늘날의 지구에는 농사를 지을 수 있는 땅의 3분의 1에 옥수수만 자라고 있어요. 그 옥수수의 절반을 가축이 먹고 있고요. 그 옥수수를 가축이 먹지 않는다면 더 많은 사람을 굶주림으로부터 구할 수 있지 않을까요?

우리 식탁에 고기가 올라올 때 벌어지는 가장 큰일은 온실가스 배출로 지구가 뜨거워지는 것입니다. 전 세계 온실가스 배출량 중에서 먹거리와 농업이 차지하는 비율은 26퍼센트예요. 그중 동물성 제품이 절반 훨씬 넘게 차지하는데 소고기와 양고기가 주요 탄소 배출원이죠. 가축 분뇨와 사료 운반도 탄소를 많이 배출해요. 그런데 우리나라만 살펴보면 신기하게도 농업 부분 배출량이 우리나라 전체 배출량의 3퍼센트밖에 안 돼요. "고작?"이라는 생각이 들죠? 육식을 많이 하는 나라인데 어떻게 된 걸까요? 그 이유는 사료를 대부분 수입하는 데다 유통 과정에서 발생한 탄소가 다른 항목에 포함되었기 때문이에요. 그런데도 사육하는 가축 수가 증가하고 있어서 온실가스 배출량도 증가하고 있어요. 농업 부분 배출량만 살펴보면 축산 과정에서 배출하는 온실가스는 농업 부분의 약 60퍼센트를 차지합니다. 가축 분뇨에서만 연간 5,500만 톤의 탄소가 발생해요.

분뇨는 쉽게 말해 가축의 똥오줌이에요. 가축 분뇨는 인근 하천을 오염시킬 뿐만 아니라 메탄과 아산화질소 같은 온실가스를 발생시켜요. 아산화질소는 이산화탄소의 296배, 메탄은 이산화탄소의 21배나 온실효과가 커요. 그런데 젖소 한 마리의 분뇨는 메탄 58킬로그램을 배출해요. 가축의 방귀와 트림에서 나오는 메탄도 기후 위기의 중요한 원인이 되고 있어요. 여기에 축사를 청소하고 온도를 유지하는 일과 고기로 팔기 위해 가축을 도축, 포장, 운송하는 모든 과정에서 엄청난 에너지를 소비하며 온실가스를 배출해요. 기후변화에관한정부간협의체IPCC에 따르면, 전 세계 사람이 육식을 중단했을 때 전체 온실가스의 약 22퍼센트를 줄일 수 있다고 해요. 이미 2008년에 유엔식량농업기구FAO는 교통수단보다 축산업이 기후 변화에 미치는 영향이 더 크다고 보고했어요.

아마존의 살인 사건

"탕!" 아마존 그 장엄한 숲, 한순간에 생명의 역동을 깬 죽음의 총성에 새들이 후드득 날아간다. 숲은 현기증을 일으키며 쓰러지듯 속삭인다. "오늘 또 한 명의 숲의 수호자가 죽음을 맞이했어……."

열대 우림 아마존에서 살인 사건이 이틀에 한 번씩 일어나고 있습니다. 지금까지 2,000여 명이 살해당했습니다. 누가 누구를 죽이냐고요? 오늘 숲에 잠든 이는 벌목과 아마존 환경 파괴에 반대하는 '가디언즈오브포레스트Guardians of Forest'로 활동했던 숲의 수호자였어요. 그는 무엇 때문에 숲을 지키려다 죽음을 맞이했을까요? 바로 '콩' 때문이에요. 아마존 숲을 불태우고 닥치는 대로 벌목하는 이유는 소에게 먹일 작물을 생산하기 위해서죠. 숲이 사라진 자리에는 콩이 자라요. 이 콩은 중국으로 수출되어 돼지 사료로 사용돼요. 우리나라도 브라질 콩을 수입해요. 브라질 대통령은 경제적 이익을 이유로 벌목꾼과 소를 키우는 농민들을 옹호하며, 반대로 원주민을 돕고 아마존 숲을 지키는 환경 운동가들을 비난해 왔어요. 숲의 수호자들은 죽음의 위협으로부터 보호받기 힘들었습니다.

위) 단백질 100그램당 평균 온실가스 배출량. 2018년 통계. (단위 : 이산화탄소 등가환산량 COeq)
아래) 육식이 환경에 미치는 영향. 2013년 통계.

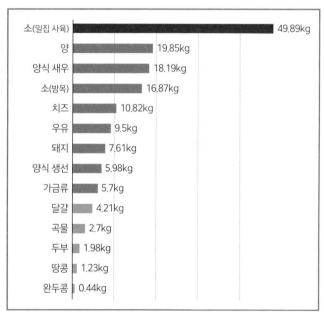

소(밀집 사육)	49.89kg
양	19.85kg
양식 새우	18.19kg
소(방목)	16.87kg
치즈	10.82kg
우유	9.5kg
돼지	7.61kg
양식 생선	5.98kg
가금류	5.7kg
달걀	4.21kg
곡물	2.7kg
두부	1.98kg
땅콩	1.23kg
완두콩	0.44kg

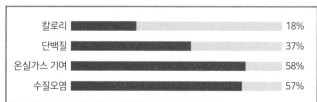

칼로리	18%
단백질	37%
온실가스 기여	58%
수질오염	57%

아마존 숲에 어떤 가치가 있길래 이들은 제 목숨을 걸고 지키려는 걸까요? 아마존 열대 우림의 면적은 약 550만제곱킬로미터로, 유럽연합 모든 회원국의 영토에 영국을 집어넣고도 우리나라를 8개나 더 넣을 수 있을 만큼 어마어마한 공간이에요. 아마존 숲은 연간 약 20억 톤의 이산화탄소를 흡수하는데 이는 우리나라의 3년간 탄소 배출량에 해당해요. 숲은 기후 위기 시대에 탄소를 흡수하는 저장고로 매우 중요한 가치를 지니죠.

 또 아마존은 강수량을 조절해 줍니다. 울창한 숲은 물을 나무뿌리로부터 흡수해 잎에서 수증기로 방출해요. 이를 증산 작용이라고 하는데 이렇게 만들어진 수증기가 구름을 이루고 비를 내려요. 만약 아마존이 파괴된다면 강수량이 지금보다 15퍼센트 감소할 거라고 과학자들은 추정하고 있어요.

 최근 들어 지구 온도가 올라가면서 아마존 숲에는 좀처럼 없던 가뭄이 찾아오고 있어요. 이 현상은 아마존뿐만 아니라 핀란드, 캐나다 등 아한대(온대와 한대 사이) 지역 숲에서도 동시에 발생하고 있어요. 가뭄이 발생하면 산불이 일어날 확률이 높아집니다. 나무는 불쏘시개가, 숲은 거대한 마른 장작더미가 되죠. 산불은 나무와 숲이 가두고 있던 이산화탄소를 대기 중으로 내보내요. 온실효과는 강력해지고 지구 온도는 더 올라가고 가뭄은 더 심해져, 산불은 더욱 빈번하게 일어나게 됩니다. 그러면 이제까지 이산화탄소를 흡수하던 숲이 거꾸로 이산화탄소를 내뿜는 역할을 할 수 있어요. 원래 아마존에서는 자연 발화에 의한 산불은 거의 없었어요. 울창한 숲은 햇빛이 지표에 직접 닿는 것을 막아 주고, 나무뿌리는 충분한 물기를 머금었기 때문이죠. 하지만 기후 변화가 심각해지면서 아마존의 가뭄 주기가 빨라지고 강도가 심해지고 있어요.

여기에 더해 사람들이 땅을 확보하려고 인위적으로 아마존에 불을 질러 숲 군데군데가 비는 바람에 물을 머금고 있던 나무뿌리의 연대가 끊어지고 있습니다. 햇빛은 나무가 비어 있는 공간 사이사이에 내리꽂히고, 지표는 열기에 노출되면서 말라 가죠. 안 그래도 가뭄에 마른 숲은 사람들이 일으킨 산불을 불씨 삼아 타오르기 시작합니다. 아마존 숲에 불이 나면 불을 끌 수도 없어요. 가만히 있어도 지구는 활활 타오르게 됩니다.

이런 일이 계속되면 아마존 땅 아래에 저장된 이탄층이 드러나면서 불붙을 수 있어요. 이탄층은 죽은 식물로 만들어진 석탄의 전 단계 지층이에요. 아마존의 여러 생물과 토양에 저장된 이산화탄소는 적게 잡아도 1,200억 톤이에요. 지금과 같은 상황이 계속된다면 아마존 숲은 거대한 탄소 배출원이 되고 말겠지요.

소, 너의 재판이 열린다. 법정에서 만나자.

검사 : 소를 기후 위기 재판에 기소합니다. 소는 아마존을 병들게 만드는 주범입니다. 아마존 벌채와 산불은 콩 때문인데. 이 콩을 제일 많이 먹는 것이 바로 소이기 때문입니다. 아마존이 파괴되면 기후 위기가 심각해집니다. 그렇기에 소는 기후 위기의 주범입니다. 증거는 또 있습니다. 소의 방귀와 트림으로 말씀드릴 것 같

으면⋯⋯.

변호사 : 존경하는 재판장님. 이의 있습니다. 검사는 지금 소를 모독하고 있습니다. 방귀와 트림은 살아 있는 생명체라면 다 하는 자연스러운 현상입니다. 발언을 자제시켜 주십시오.

판사 : 기각합니다. 계속하시죠.

검사 : 소의 방귀와 트림은 매우 특별합니다. 소는 위를 4개나 가진 반추동물로 위에는 혐기성 세균이 공생하고 있습니다. 혐기성 세균은 산소가 없는 곳에서도 호흡하는데, 이때 생성되는 기체가 메탄입니다. 메탄으로 말씀드릴 것 같으면 온실효과가 무려 이산화탄소의 약 21배나 되는 강력한 기체입니다. 이걸 지구촌 여기저기에서 뿡뿡거리고 내뿜고 있으니 소야말로 기후 위기의 주범입니다. 피고인은 하실 말씀 있으신가요?

소 : 음매ㅡ, 뿌우우우웅!

(법정은 메탄 냄새, 그러니까 소의 방귀 냄새로 가득 찬다. 검사는 코를 틀어막고 코맹맹이 소리로 말을 이어 간다.)

검사 : 이것이 바로 증거입니다.

변호사 : 변론합니다. 소는 탄소 순환의 한 부분을 담당하는, 여러분과 같은 생명체일 뿐입니다. 소의 방귀와 트림으로 배출된 메탄은 다시 공기 중에서 산소와 만나 이산화탄소로 바뀝니다. 식물은 소가 만든 이산화탄소로 광합성해서 쑥쑥 자라고, 이렇게 자란 식물을 소가 다시 먹습니다. 여러분 중에 식물의 질긴 셀룰로스를 먹고 소화시킬 수 있는 사람은 없을 겁니다. 그러

나 소는 사람이 못하는 것을 해냅니다.

(소가 지푸라기를 씹어 먹으며 침을 질질 흘린다.)

변호사 : 저 모습을 보십시오. 저 모습이 증거입니다. 저 큰 몸집을 만들기까지 고작 먹는 것은 사람이 버린 지푸라기입니다. 소가 사료를 많이 먹는다고요? 소를 키우려면 반드시 50퍼센트 정도의 건초를 먹여야 합니다. 인간이 버리는 걸 먹고 우리에게 살코기를 제공해 주지 않습니까? 그뿐입니까? 완전 영양소인 우유까지 제공합니다. 이런 경이롭고 헌신적인 소를 범인으로 몰아가는 건 억울합니다. 오히려 공로상을 주어야 한다고 생각합니다.

(소가 음매— 하며 꼬리를 한번 휘두른다.)

검사 : 소가 아무리 건초를 먹는다고 해도 사료로 먹는 곡물 양이 어마어마합니다. 인간은 하루에 1킬로그램의 곡물을 먹을 수 없는데, 소는 10킬로그램씩 먹어 치웁니다. 축산업이 배출하는 온실가스가 전체 배출량의 16.5퍼센트에 달할 만큼 육식이 지구에 미치는 영향은 상당합니다. 소가 싼 똥은 또 어떻고요. 똥이 부패하면서 나오는 이산화질소는 온실가스 영향이 이산화탄소의 310배나 됩니다. 가축에서 나오는 트림과 방귀, 배설물은 인근 하천을 오염시키고 거기서 발생하는 온실가스가······.

변호사 : 이의 있습니다. 재판장님. 지금 변호사는 변론을 소에서 가축으로 확대하며 논점을 흐리고 있습니다.

판사 : 인정합니다. 검사는 피고에만 집중해서 말해 주세요.

검사 : 1990년 이후 사라진 열대 우림의 70~90퍼센트가 소 사료를 위한 경작지 개간으로 불탔고, 지금도 1초에 4,000제곱미터의 열대 우림이 사라지고 있습니다. 전 세계 메탄 발생량의 44퍼센트가 축산에서 발생하니 소는 새로운 석탄이나 다를 바 없습니다.

변호사 : 소는 새로운 석탄이 아닙니다! 만약 전 세계 소의 개체 수가 일정하게 유지되면 추가로 유입되는 메탄은 없을 것입니다. 실제로 최근 10년간 소의 개체 수는 대략 10억 마리로 유지되고 있습니다. 게다가 가축 사료의 86퍼센트는 사람이 먹기에 적합하지 않습니다. 목초지 역시 농경지로 적합하지 않은 곳이 대부분입니다. 젖소는 1940년대의 2,600만 마리와 비교해 현재 900만 마리로 줄어들었지만, 우유는 그때보다 약 5,171만 톤을 더 생산합니다. 같은 양의 우유를 생산하는 데 예전에 비해 탄소 발자국이 50퍼센트 이상 감소한 것입니다. 게다가 우리나라 축산 부문 온실가스 배출은 약 2퍼센트뿐입니다.

검사 : 그것은 사료와 고기의 상당량을 수입에 의존해 탄소 배출량을 다른 나라나 다른 부문으로 넘겼기 때문입니다. 오히려 냉장 수입을 하며 전기를 잡아먹어 일반 화물에 비해 2배 더 많은 이산화탄소를 배출하고 있습니다.

판사 : 자, 자! 양측의 이야기를 듣고 보니 소는 죄가 없습니다. 다만 소고기를 많이 먹으려는 사람들이 문제군요. 최종 판결을 합니다. 소는 무죄입니다.

(땅! 땅! 땅! 소리에 소가 끄—억, 푸—우! 하며 이제야 아까 먹은 지푸라기를

다 소화시켰다는 듯 트림을 한번 시원하게 하고 콧방귀를 낀다. 판사, 법정을 나서며 법조인들과 이야기한다.)

"오늘 점심은 간단하게 햄버거로 때웁시다. 소고기국밥을 먹고 싶은데 재판이 밀려서 시간이 없네요."

우리에겐 다른 미래를 상상하고 실현할 힘이 있어

이제는 거꾸로 고기를 줄이면 벌어지는 일을 상상해 볼 차례입니다. 고기를 좀 적게 먹으면 공장식 축산을 줄일 수 있고 동물 복지 농장을 늘릴 수 있고 동시에 숲의 파괴를 멈출 수 있어요. 곡물이 가축 사료 대신 식량이 되어 기아로 굶주리는 사람들에게 돌아갈 수 있고요. 지구의 한정된 땅을 잘 활용할 수 있게 되는 거죠. 구제역, 조류인플루엔자, 코로나19 같은 질병의 창궐을 줄일 수도 있어요. 무엇보다 고기를 줄이는 일은 기후 위기 시대에 탄소 중립을 실천하는 가장 효과적인 방법이에요.

폴 매카트니를 알고 있나요? 영국의 유명한 팝밴드 비틀스의 멤버이자 '고기 없는 월요일Meat Free Monday' 캠페인을 제안한 사람이에요. 고기를 덜 먹어 공장식 축산으로 배출되는 온실가스를 줄이자는 이 운동은 순식간에 전 세계로 퍼졌죠. 우리도 한번 해보면 어떨까요? 고기 없는 날을 학교에서 실천해 보는 것 말이에요. 급식에 매일 나오는 고기 반찬을 한 달에 한 번 쉬고 그다음엔 한 달에 두 번 쉬고 그다음엔 1주일에 한 번씩 쉬면서 서서히 줄여 보자고 여러분이 직접 학교에 요구하는 거예요. 여러분이 지금 당장 할 수 있는 실천이죠.

위) 부천 산마을 중학교 학생들이 참여한 '한국고기없는월요일' 행사.
아래) 블라시오 전 뉴욕시장은 '고기 없는 월요일'을 모든 공립학교로 확대했다.

3. 세 번째 식탁

설탕의 유혹에 빠진 오후

: 달콤함 뒤에 숨은 쓰디쓴 행성의 역사

먹거리 뒤에 숨겨진 이야기

"하나라도 더 넣으란 말이야. 이게 다 돈이라고! 틈 없이 더 넣어 봐. 앉히면 공간이 안 나오지. 눕혀! 그리고 그 위에 또 쌓아! 남는 공간 하나 없이 꽉꽉 채우라고. 칸칸이 다 채워 넣어. 쇠사슬로 묶고! 배설물? 그건 돈하고 상관없잖아. 돈하고 상관있는 이야기만 하라고!"

노예가 겹겹이 쟁여진 노예선. 돈이 차곡차곡 쌓였고 설탕이 창고에 켜켜이 채워졌다. 누군가의 입맛이 단맛으로 길들 때 누군가의 삶은 쓴맛으로 무너졌다.

노예선으로 이야기를 시작합니다. 1520년대부터 시작되어 1860년대까지 계속된 이야기죠. 아프리카 대륙 곳곳에서 참혹한 노예사냥으로 잡혀 온 이들은 유럽에서 배가 올 때까지, 해안가에서 몇 주 동안이나 우리 안에 갇혀 지내야 했어요. 배가 도착하면 불에 달군 낙인이 찍힌 뒤 '노예선'으로 특수 제작된 배에 실렸습니다. 유럽인들은 풍토병을 꺼려 아프리카 땅으로 직접 들어가지 않았고, 당시 세력을 확장하던 콩고왕국에 노예들을 잡아들이라 종용했죠. 그 대가로 무기와 물품을 건네면서요.

노예선은 한 번에 750명 정도를 수용할 수 있도록 설계되었습니다. 선박 맨 아래 칸은 한 명이라도 더 많이 수용하려고 틀을 제작했지요. 성인 남성은 세로 183센티미터에 가로 43센티미터로, 아이는 세로 122센티미터에 가로 36센티미터로 거의 몸에 딱 맞게 만들었죠. 높이는 83센티미터로 똑바로 앉을 수도 없는, 죽은 사람을 위한 '관'과도 같은 틀이었습니다. 맨 아래부터 나무틀이 층층이 만들어졌고, 용변통이 있었지만 도망갈까 봐 2명씩 족쇄로 묶은 후에 다시 5~6명씩 쇠사슬로 연결해 실제로는 용변통을 사용할 수 없었어요. 밑에 있는 이들은 위에서 흘러내리는 배설물을 그대로 맞아야 했죠. 남자와 여자로, 또 성인과 어린아이로 구획별로 나누어 배치한 노예선의 도면을 보면 한 치의 공간도, 한 치의 손해도 보지 않겠다는 탐욕과 집념이 그대로 느껴집니다. 노예선 안은 환기조차 안 되어 촛불을 켜면 촛불이 꺼질 정도로 산소가 부족했어요. 옥수수 죽이 하루 한두 번 배급되었고, 물이 충분치 못해 탈수 증세를 겪어야 했지요. 이질, 티푸스, 홍역, 천연

위) 노예를 3단으로 실은 노예선과 1781년 식수가 부족해지자 133명의 노예를 배 밖으로
　　던져 죽인 사건을 고발했던 당시의 그림.
아래) 노예선의 노예 배치도 중 2단 우측면 부분.

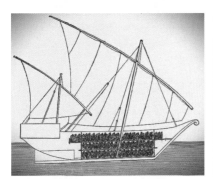

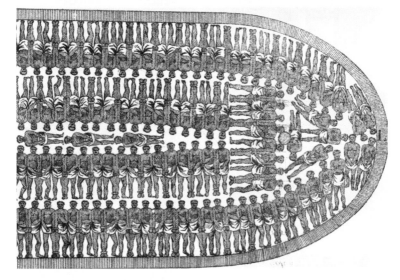

두 같은 감염병이 창궐하는, 그야말로 지옥선이었어요. 항해 중 사망률은 14.5~33퍼센트에 달했어요. 사람이 화물보다 못하게 취급받았던 잔인한 역사의 한 장면입니다. 그리고 이들의 끔찍한 고통 뒤에는 설탕의 달콤함이 숨어 있었어요.

하얀 설탕과 까만 사람

설탕과 노예선이 무슨 상관이 있을까요? 아프리카를 떠난 노예선은 대서양을 건너 신대륙 아메리카에 도착했습니다. 노예들은 당시 사람들을 사로잡았던 새로운 작물인 커피, 면화, 담배, 사탕수수 농장에 투입되었어요. 이들을 혹사시켜 재배한 작물들은 유럽으로 건너가 날개 돋친 듯 팔렸어요. 돈이 쌓였고 유럽의 노예상들은 그 돈으로 다시 아프리카에서 사람을 사냥해 노예선에 태웠어요. 몇백 년이나 지속되었던 삼각무역이에요.

사탕수수의 단맛을 알게 된 유럽에서 설탕의 수요는 가파르게 증가했어요. 영국인의 1인당 설탕 소비량을 보면 16세기 초에 500그램이었다가 17세기에는 2킬로그램, 18세기에는 7킬로그램으로 급증해요. 유럽인에게 설탕이 귀중품에서 사치품으로, 다시 생활필수품으로 바뀌는 사이에 노예들은 피, 땀, 눈물을 쏟아 내야 했습니다.

유럽인은 피부색이 다르고 언어와 문화가 다르다는 이유로 아프리카인을 사람이 아닌 노예로 취급해 아메리카 대륙으로 보냈습니다. 인간을 상품화하는 노예무역을 했던 거예요. 포르투갈, 스페인, 영국, 프랑스, 네덜란드 등이 적극적으로 관여했어요. 초기의 노예는 말 1마리보다 못한 가격으로 거래되었어요. 1770년대 영국에서는 노예를 '검은 화물', 설탕을 '흰 화물'이라 부르며 돈벌이를 했어요. 영국이 총기, 술, 유리 제품, 직물을 제시하면 아프리카 부족들은 다른 부족을 잡아 와 영국 노예상에게 넘겼습니다. 부족들 사이를 갈라놓으며 노예사냥을 시킨 거예요.

400년간 아프리카에서 아메리카로 보내진 이들만 1,200~2,000만 명이나 됩니다. 노예선에서 겨우 살아남아 아메리카 땅에 도착해도 7~8년 후에는 죽음에 이르렀어요. 설탕 농장에서는 새벽 3시부터 17시간 동안 쉼 없이 이들을 혹사시켰지요. 4미터 높이의 사탕수수를 베고 분쇄한 다음 롤러로 밀고 뜨겁게 끓이며 정제해 설탕을 만들어야 했죠. 연료로 쓸 나무까지 베어야 했어요. 그 당시 하얀 설탕의 달콤함은 검다는 이유로 사람으로 취급받지 못한 사람들에 대한 착취와 폭압의 산물이었어요. 그렇다면 오늘날 설탕은 어떻게 만들어질까요?

공정무역으로 만든 마스코바도 한 봉지

우리는 설탕을 정말 많이 소비해요. 우리나라는 현재 쌀을 먹는 양의 반만큼이나 설탕을 먹고 있어요. 과거처럼 노예노동이 이루어지는 건 아니지만, 여전히 설탕 생산 과정은 고된 노동과 저임금 착취를 기반으로 하죠.

설탕의 원료가 되는 사탕수수는 70퍼센트가 남반구에서 생산돼요. 그중 50퍼센트는 기계가 아닌 농부의 노동력으로 생산되고요. 이들은 사탕수수를 베어 한 번에 30~40킬로그램씩 어깨에 지고 사다리에 올

아프리카인 노예를 끔찍하게 혹사시켜 얻은 차와 설탕으로 우아한 티타임을 즐기는
신흥 부르주아들을 고발하는 18세기 풍자화.

라 트럭에 실어요. 이렇게 베고 싣고를 수없이 반복하며 하루 10~12톤의 사탕수수를 수확합니다. 노동자들은 수확 과정에서 마체테라는 큰 칼을 사용하다 부상을 입기도 해요. 사탕수수 잎 자체도 날카로워 온몸 여기저기가 상처투성이가 되죠. 사탕수수는 온도와 습도가 높은 곳에서 잘 자라요. 그러다 보니 평균기온 40도, 습도 70퍼센트를 웃도는 살인적인 더위 속에서 일하다 열사병이나 과로로 사망하기도 해요. 하지만 하루 꼬박 일해서 고작 2달러(우리 돈 약 2,600원)를 받을 뿐이에요.

설탕 가격은 변동이 심해 설탕 농장과 노동자들을 더욱 어렵게 만듭니다. 설탕 가격은 1980년대에 비해 76퍼센트나 떨어졌는데, 그중 큰 원인이 1980년대 초 코카콜라 회사에서 단맛을 내는 원료를 설탕 대신 옥수수로 바꿨기 때문이에요. 코카콜라는 세계에서 가장 많이 설탕을 구매했던 회사예요. 한 해 60만 톤씩 구매해 왔거든요. 최근에는 이상기후와 가뭄으로 생산량이 감소해 값이 오르기도 하죠. 안정적이지 않은 가격, 열악한 노동 환경, 혹독한 노동에 비해 정당하지 못한 임금을 받는 설탕 노동자들은 빈곤에서 헤어나오기 힘들어요.

과거의 설탕 노예노동은 어떻게 막을 내리게 되었을까요? 18세기 후반 이 끔찍한 현실을 알리려고 힘을 합했던 사람들이 있어요. 영국의 정치인 윌리엄 윌버포스와 동료들은 노예무역을 끝내는 법안을 통과시키기 위해 대규모 군중집회를 열고 설탕 불매 운동을 벌였습니다. 뜻을 같이하는 사람들이 점점 늘어났고 결국 영국 노예제 폐지의 도화선이 되었지요. 오늘날에도 뜻을 가진 사람들이 함께 모여 문제를 해결해 나가고 있습니다. 바로 공정무역이죠.

파라과이에는 만두비라Manduvira라는 협동조합이 있어요. 과거에는 노동자들이 사탕수수로 설탕을 가공하거나 국제 시장에서 판매하고 협상하는 일을 스스로 하지 못했어요. 하지만 협동조합에서 이들을 교육하고 지원하면서 직접 설탕을 가공하고 수출하고 판매할 수 있게 되었어요. 이렇게 생산된 설탕을 제값을 받고 팔고 또 제값을 주고 사는 일이 공정무역입니다. 필리핀의 '달콤한 공장'도 소개할게요. 사탕수수 원당인 마스코바도muscovado를 생산하는 곳인데, 모금을 통해 세운 공장입니다. 협동조합 형태로 저소득층을 교육하고 일자리를 나누면서 자립할 수 있도록 돕습니다. 이들 달콤한 공장은 단순한 공장을 넘어 지역 사회의 발전을 이끄는 중심 역할을 하고 있어요.

필리핀 전통 방식으로 만들어지는 마스코바도 설탕은 정제된 설탕에 비해 풍부한 미네랄과 다양한 영양소를 포함하고 있어요. 잘 길러 수확한 사탕수수를 골라 압축기로 즙을 내어 오랜 시간 정성 들여 끓여 가며 불순물을 제거하고, 이렇게 농축된 즙을 커다란 판에 붓고 굳기 전에 여러 번 뒤집어 고운 입자로 만들어 내죠. 우리나라에도 마스코바도 설탕이 공정무역으로 수입되고 있어요. 이런 제품을 우리가 관심을 가지고 구매하는 일이 설탕을 둘러싼 여러 문제를 해결하는 하나의 방법이 될 수 있을 거예요. 공정무역 마스코바도 한 봉지로 달콤하고 따뜻한 마음을 주변에 전하면 어떨까요?

4. 네 번째 식탁

초콜릿이 있는 디저트 타임
: 아동노동을 막고 숲을 지킬
  지속 가능한 먹거리를 위해

달콤함은 사라지고 쌉쌀함만 남은 초콜릿 여행

안녕하세요. 저는 초콜릿 여행을 다녀오라는 특파를 받은 특파원 박기용 기자입니다. 동료들은 절 '박띠용'이라고 부르죠. 좀 엉뚱한 질문을 자주 한다고 하네요. 그런데 가끔 엉뚱한 질문이 특종을 잡는 기회가 되기도 한답니다. 초콜릿 여행이라는 말을 듣고 얼마나 설렜는지 몰라요. 어릴 적에 이런 상상을 하곤 했죠. '사탕, 과자, 초콜릿이 달린 나무에서 마음껏 따먹고 진한 아이스 초코로 채워진 수영장에 풍덩 빠져서 놀면 얼마나 신날까? 초콜릿으로 옷도 만들어 입고 말이야.'

그런데 프랑스 파리에서 정말로 초콜릿 패션쇼가 열린다는 소식이 있어 얼른 가 봤어요. 독특하고 맛있어 보이는 이색 패션쇼가 진행되고 있네요. 초콜릿 케이크 모양의 옷, 초콜릿으로 커다란 날개를 단 옷에 눈이 휘둥그레져서 구경하다가 초콜릿의 최대 생산국 코트디부아르의 영부인이 초대된 걸 보고 가까이 다가갔어요.

"안녕하세요. 박기용 기자입니다. 이번 패션쇼에 오신 이유가 뭘까요? 코트디부아르에서도 비슷한 행사를 기획하고 있으신가요?"

"우리나라는 초콜릿으로 옷을 해 입을 여유는 없어요. 초콜릿 원료인 카카오나무가 있을 뿐이죠. 초콜릿 원료를 생산하기 위해 많은 어린이가 노동에 투입되고 있어요. 저는 이 문제가 사라질 때까지 우리가 할 일을 알리기 위해 여기에 왔어요."

물고기를 잡는 바닷가에서 생선 반찬이 많이 올라오듯이, 초콜릿 원료를 생산하는 나라는 당연히 초콜릿이 풍족할 줄 알았는데 뜻밖이네요. 어쨌든 초콜릿을 생산하는 곳에서 일한다면 아이들이 일한다고 해도 뭔가 좀 맛있고 재밌지 않을까요? 그런데 문제라고 한 걸 보면 뭔가가 있다는 뜻인데요. 궁금한 마음에 서아프리카 코트디부아르의 한 카카오 농장을 찾아갔어요. 더운 열기가 훅 뿜어져 나오는 숲에는 카카오나무들이 즐비하게 서 있네요. 곳곳에 정말로 아이들이 일하고 있었어요. 어깨가 다 드러날 만큼 찢어진 티셔츠를 입고 긴 칼로 카카오 열매 껍데기를 까는 소년이 보였어요.

"이름이 뭐예요? 몇 살이죠?"

"압둘이에요. 10살요."

"어떻게 여기서 일하게 되었나요?"

"아버지가 돌아가신 뒤에, 어느 날 모르는 사람 손에 이끌려 농장에 왔어요."

"이렇게 일하고 하루에 얼마나 받나요?"

"그냥 제가 먹을 음식만 줘요."

"하루에 몇 개의 카카오를 수확하나요?"

"오늘 400개 넘는 카카오를 땄어요. 작년 오늘도 그랬고 내년 오늘도 그럴 거예요."

아이의 얼굴에서는 아이답지 않은 체념이 느껴졌어요. 분위기를 바꿔 보기 위한 질문을 던졌어요.

"혹시 쉬는 시간에 간식으로 초콜릿이 제공되나요?"

"그게 뭔가요? 어떻게 생겼나요? 저는 초콜릿을 먹어 본 적이 없어요. 쉬는 시간은 없어요."

조사를 해보니 코트디부아르에서만 80만 명의 어린이가 카카오 생산에 투입되고 있었어요. '아동노동이 코트디부아르만의 문제일까?' 이런 의문을 품고 다른 나라에 가 보기로 했어요.

여기는 서아프리카 가나의 한 카카오 농장입니다. 저기 몸집이 작은 여자아이가 살충제를 뿌리고 있어요. 화학 약품이 몸에 묻을 것 같아 걱정이네요. 아이가 만지기에는 위험한 일인데.

"몇 살인가요?"

"9살이에요."

주변을 보니 잡초를 뽑는 아이도 보여요.

"몇 살인가요?"

"13살이에요."

"언제부터 일을 시작했나요?"

"9살부터 했어요."

"학교는 무료 아닌가요? 학교를 왜 가지 않나요?"

"학교 갈 시간이 없어요. 일을 해야 해요. 부모님도 일하지만 그걸로 우리 가족이 살기 부족해서 저도 도와드려야 해요."

이번에는 아이의 아버지를 만나 보기로 했어요.

"왜 아이에게 일을 시키시나요?"

"돈이 없습니다. 옳지 않은 일이란 걸 알지만 어쩔 도리가 없어요. 하루 일해서 1달러도 못 벌어요. 이웃집에서는 아이를 팔기도 했어요. 15달러(우리 돈 약 2만 원)에요. 그래도 저는 그러지 않으려고 버티는 중입니다."

아버지의 비탄에 빠진 표정이 마음을 아프게 하네요.

이번에는 초콜릿에 들어가는 헤이즐넛(개암) 수확에도 아동노동이 투입된다는 소식을 듣고 튀르키예로 향했어요. 13살 소년 사바스가 개암나무 수풀 속에서 허리를 구부리고 일하고 있네요. 말 걸기도 힘들어 보여요. 개암나무 언덕을 지나 반짝이는 바다가 눈에 들어와서 질문을 던졌어요.

"바닷가에서 물놀이요? 여름방학이니 일해야죠. 하루에 10시간씩 일하고 있어요."

사바스는 대답하면서도 헤이즐넛을 손가락으로 골라내고 있어요. 미안한 마음에 더 질문을 못하고 그냥 일이 끝날 때까지 기다리기로 위) 초콜릿 잼의 재료인 헤이즐넛 열매를 따는 소녀.
아래) 수확한 카카오를 손질하는 농장 노동자들.

했어요.

　오후 6시가 되자, 사바스는 허물어져 가는 농가로 자루를 지고 터벅터벅 걸어왔어요. 땀에 젖은 티셔츠에 회색 플라스틱 샌들을 신고 상처 난 부위에 대충 붕대를 감고 나타난 소년의 얼굴이 창백해요. 마당 앞 방수포에 자루에 담긴 헤이즐넛을 쏟아 내고는 돌연 헛구역질을 해댑니다. 온종일 뙤약볕 아래에서 먹은 것도 없이 쪼그리고 앉아 헤이즐넛을 긁어모으느라 그런 것 같아요. 오늘은 사바스가 하루도 쉬지 않고 매일 꼬박 10시간씩 일한 지 22일째 되는 날이라고 해요. 사바스는 15명의 다른 노동자들과 함께 농가에서 얇은 매트를 바닥에 깔고 잠을 잡니다. 이제 19살이 된 메흐메다히프는 12살 때부터 계절노동자로 매년 여름 이곳에 온다고 해요.

　"꿈이요? 저도 꿈이 있죠. 기계·전기공학을 전공하려고 시험 준비를 하고 있어요. 지금 연필을 들고 도서관에 앉아 있어야 할 텐데 말이죠. 월급은 15달러 정도인데 소개비와 교통비를 떼면 얼마 남지 않아요."

　청년의 입가에 흘어지는 미소에는 희망이 없어 보여요. 계속 줄담배를 피우고 있는 농장주인 툰케이도 만나 보았어요.

　"앞으로 몇 주 뒤 결과가 나오겠지만 올해 수확량은 4,000킬로그램 정도예요. 다른 해보다 좀 적어서 농약과 비룟값을 댈 수 없는 지경이죠. 열매를 다 팔면 대략 1만 달러(우리 돈 약 1,300만 원)가 들어오는데, 그 돈으로 중간 거래상에게 진 빚부터 갚아야 해요. 계절노동자들에게 임금도 지급해야 하고요. 그리고 남은 얼마 안 되는 돈으로 가족과 겨울을 나야 해요. 저도 겨우 굶주림만 면하고 삽니다."

빚을 진 농장의 농부들과 매일 대화한다는 근처 가게 주인을 찾아갔어요.

"자기 자녀의 미래도 보장할 수 없는 처지에 어떻게 이 농부들이 아동노동에 대해 깊이 생각할 수 있겠어요?"

오히려 저에게 질문하더군요. 달콤한 초콜릿이 지구 한쪽의 아이들에겐 쓰디쓴 땀과 구역질이 날 만큼 고된 노동의 산물이라니. 저는 복잡한 감정과 여러 질문을 품고 이탈리아의 한 초콜릿 기업 대표를 찾아갔어요.

"여기 우리 회사의 '헌장'을 한번 보시죠."

초콜릿 기업 헌장에는 초콜릿 3대 주요 원료인 헤이즐넛과 코코아, 야자유(팜유)에 관한 내용이 있었어요. '지속 가능한 생산' '가치' '존중', '사회참여' 같은 단어도 눈에 들어오네요.

"공정한 노동 조건은 물론 수천 명의 아이가 노동에 동원되는 걸 막는 프로젝트까지 진행하고 있는 기업이라고요."

그렇다면 도대체 초콜릿을 팔아 이익을 얻는 사람은 누구일까요? 답답한 마음을 잔뜩 가지고 초콜릿 여행을 다녀온. 지금까지 박띠용, 아니 박기용 기자였습니다.

두 얼굴을 가진 악마의 잼

초콜릿을 팔아 얻은 이익은 누구에게 가는 걸까요? 실제로 초콜릿을 판 수익의 7퍼센트만 농장에 돌아간다고 해요. 카카오는 90퍼센트 이상이 550만 개의 작은 농장에서 재배되고, 여기에 딸린 21억 명의 농부와 노동자가 하루 2달러를 받고 카카오를 생산하며 살아가요. 그런데 초콜릿 판매 수익의 41퍼센트를 가져가는 거대 글로벌 그룹은 열 손가락 안에 들 정도로 몇 개 안 돼요. 초콜릿으로 얻는 수익을 12조각으로 나눈 판초콜릿으로 보면, 5조각은 초콜릿 회사가 먹고 4조각은 파는 사람이 먹고 3조각은 세금과 유통 비용으로 국가가 먹는 구조랍니다. 농부는 1조각도 채 가져가지 못하고 떨어진 가루나 겨우 챙겨가는, 정의롭지 못한 분배죠. 거대 초콜릿 기업은 온갖 좋은 가치를 내세우지만, 실상은 두 얼굴을 하고 있어요.

아이들이 쓰러질 때까지 긁어모은 헤이즐넛 이야기를 해볼게요. 악마의 잼 누텔라를 좋아하나요? 헤이즐넛이 잔뜩 들어간, 빵에 발라 먹는 초콜릿 잼이요. 중독성이 강한데 열량도 높아 '악마의 잼'으로 불려요. 하지만 다른 이유로도 악마의 잼이라 불리지요. 글로벌 기업 페레로의 헤이즐넛 소비량은 세계 어느 회사보다 많아요. 동그란 페레로 로셰 초콜릿을 비롯해 듀플로와 하누타 초콜릿을 생산하기 위해 페레로는 전 세계에서 수확하는 헤이즐넛의 약 4분의 1을 사들여요. 대부분은 해마다 4억 병이 넘는 누텔라 생산에 사용해요. 튀르키예의 헤이즐넛 연간 수확량은 70만 톤인데, 페레로는 그중 약 3분의 1을 독점 계약하고 있어요. 부르는 게 값이라는 뜻이죠. 농장에 얼마를 주고 가져올지 초콜릿 회사 마음대로인 거예요. 여기서부터 초콜릿의 수익 분배는 공정하지 않아요.

사바스 같은 아이들은 특수한 경우가 아니에요. 튀르키예 통계청이 발표한 수치를 보면, 2019년 튀르키예에서 5~17살 나이로 시골에서

노동한 아동·청소년의 수는 약 72만 명에 달한다고 해요. 헤이즐넛 수확에 참여하는 계절노동자 40만 명 중 적게 잡아도 10퍼센트에 해당하는 4만 명이 아이들입니다. 국제노동기구ILO 기준에 따를 때 헤이즐넛 수확은 최악의 아동노동으로, 수확 기간에 가족과 함께 몇 달씩 집을 비워야 해서 이 일을 하는 상당수 아동이 일찌감치 학교를 포기해요. 배우지 못하면 이런 가난과 노동은 대물림될 수밖에 없어요. 2021년 2월 인권 단체 국제권리변호사들IRA이 네슬레, 허쉬, 몬델레스, 카길 등 유명 초콜릿 회사 7곳에 집단소송을 제기했어요. 카카오를 공급하는 농장에서 수천 명의 아이들이 불법 노동에 시달리는 걸 방조했다는 이유였죠.

국제 사회의 비난이 높아지면서 최근에서야 아프리카 정부와 초콜릿 제조 업체들이 아동노동 근절을 위한 대책을 내놓고 있어요. 아동에게 일을 시키지 않는 가정에 식료품을 지급하고, 성인의 일당을 올려 공정한 임금을 받도록 하는 방법입니다.

여러분도 초콜릿이 아동노동을 착취하며 생산되는 문제를 막을 수 있어요. 2002년 국내 최초로 공정무역 운동을 시작한 '아름다운커피'와 '좋은 생각을 행동으로 옮기자Bon Idea To Action'라는 의미에서 이름을 딴 '보니따Bonita'를 지지하면 돼요. 2021년 이 두 단체는 밸런타인데이에 소비자 15,703명의 의견을 담은 '카카오 농장 아동노동 착취 근절을 위한 제안서'를 롯데제과, 해태제과, 오리온, 크라운제과, 농심, 매일유업 등에 보냈어요. 초콜릿의 원료가 되는 카카오가 어떻게 재배, 수확, 유통되는지 그 과정을 투명하게 밝히라고요. 기업의 사회적 책임을 물은 거예요. 그리고 아동노동 착취가 없는 공정무역 카카오를 사용하고, 이를 소비자가 알 수 있게 기업 홈페이지 등을 통해 알려 달라고도 했어요. 제안서를 받은 해당 기업들은 국내 초콜릿의 제조와 판매뿐 아니라 허쉬, 킨더, 페레로 등 글로벌 초콜릿 브랜드의 수입과 판매를 담당하고 있죠.

사람들이 초콜릿 제품을 전보다 더 좋아하고 더 많이 먹을수록 카카오 생산량을 늘리기 위해 더 많은 아이가 카카오 농장에서 고된 노동에 시달려요. 최대 카카오 생산지인 가나와 코트디부아르에서는 156만 명의 아동이 노동 착취를 당하고 있는데, 이는 10년 전보다 14퍼센트나 증가한 숫자예요. 소비가 늘어난 만큼 소비자인 우리가 꾸준한 관심을 두고 기업을 압박하고, 기업도 경각심을 갖고 사회적 책임을 다하려 한다면 반드시 변화를 끌어낼 수 있을 거예요.

초콜릿을 먹어도 숲이 사라져

초콜릿에는 카카오, 설탕과 정제된 팜유가 들어가요. 고기와 마찬가지로 초콜릿을 먹어도 숲이 사라진다는 것을 알고 있나요? 설탕 원료인 사탕수수와 팜유 원료인 팜나무(기름야자나무)를 재배할 공간을 마련하기 위해 열대 우림을 베어 내고 불태우기 때문이죠. 초콜릿도 기후 위기를 가속화시키는 범인입니다.

초콜릿에는 설탕이 들어가죠. 초콜릿을 달콤하게 해 줄 설탕을 만드는 사탕수수를 재배하려면 넓은 땅이 필요해요. 사탕수수를 생산하는 15개 나라는 국토의 25퍼센트 이상을 사탕수수 재배에 사용할 정

공정무역 제품을 인증하는 마크들로 이 로고가 있는 초콜릿, 커피, 열대 과일은 믿고
구입할 수 있다. 마지막 줄의 초록 개구리는 열대 우림 보호 제품을, OXFAM은
국제 구호 협력 제품을, FSC는 지속 가능한 산림 인증 제품에 부여된다.

도예요. 1960년 이래 경작지 규모는 두 배가 되었어요. 물 사용량도 많아서 설탕 1킬로그램 한 봉지를 생산하는 데 1.5리터 페트병으로 1,000~2,000병이나 필요해요. 사탕수수를 수확 후 세척하고 설탕으로 정제하는 과정에도 많은 물이 필요하죠.

초콜릿을 부드럽게 해 주는 팜유도 문제예요. 팜유는 팜나무의 열매를 압착해 추출한 기름으로 초콜릿뿐 아니라 라면이나 과자에도 꼭 들어가요. 팜유에는 계면 활성 성분도 있어 화장품, 비누, 세제 등 들어가지 않는 제품이 없을 정도로 광범위하게 사용되지요. 그래서일까요? 세계자연보호기금WWF에 따르면, 팜유 산업 때문에 1시간에 축구장 300개 면적에 달하는 열대 우림이 파괴되고 있다고 해요. 지속 가능성 전문 시장조사 기관인 체인지리액션리서치CRR는 팜유 주요 수출국인 인도네시아, 말레이시아, 파푸아뉴기니에서만 2년 사이에 1만 9,000헥타르의 삼림이 새로운 팜유 농장 건설을 위해 사라졌다고 해요.

전 세계 팜유 생산의 90퍼센트를 담당하는 말레이시아와 인도네시아에서는 열대 우림이 사라지면서 오랑우탄을 비롯해 수마트라호랑이, 코뿔소, 코끼리가 서식지를 잃고 멸종 위기에 처했어요. 그린피스가 발표한 자료에 따르면, 오랑우탄은 매일 빠른 속도로 개체 수가 줄어들어 전 세계 약 10만 마리만이 서식하고 있는데, 이마저도 매일 25마리가 사망하며 약 50년 뒤에는 멸종될 가능성이 크다고 합니다.

팜나무 1그루에 사용되는 물의 양은 매일 9리터에 달하고, 화학 비료와 제초제 사용으로 하천도 오염되고 있어요. 재배한 팜 열매에서 기름을 짜내기 위해 쉬지 않고 돌아가는 기계는 대기 오염을 일으켜요.

마지막으로 초콜릿의 맛을 결정하는 카카오 이야기입니다. 초콜릿은 카카오 열매로 만들어지죠. 카카오나무는 주로 아프리카 열대 지역에서 자라는데 약 40퍼센트는 서아프리카의 코트디부아르에서, 약 20퍼센트는 가나에서 각각 생산되고 있어요. 전 세계적으로 카카오 수요가 늘어나면서 마찬가지로 열대 우림을 베어 내고 불태운 뒤 그곳에 카카오 농장을 만들고 있어요. 지난 50년간 코트디부아르에서는 카카오나무를 심으면서 열대 우림의 80퍼센트 이상이 사라졌어요. 이대로라면 2030년에 코트디부아르의 모든 열대 우림이 사라질 거라고 해요.

전 세계의 지속 가능하고 공정한 수자원 이용을 목표로 활동하는 물발자국네트워크WFN에 따르면, 초콜릿은 많은 물을 사용하는 가공식품 중 하나로 꼽혀요. 50그램짜리 초콜릿 하나를 사 먹을 때마다 가정용 욕조 3개를 채울 수 있는 양의 물이 필요하거든요.

초콜릿 속 견과류와 생태계를 위협하는 단일 경작

초콜릿의 풍미를 더해 주는 견과류 이야기도 빼놓을 수 없죠. 미국의 캘리포니아주 농가들 역시 아몬드를 생산하기 위해 막대한 물을 쓰고 있어요. 누텔라를 만드는 페레로는 2025년까지 이탈리아의 헤이즐넛 경작지를 9만 헥타르나 더 늘리려 하고 있어요. 올리브, 포도 등 다양한 식물을 재배하던 경작지가 헤이즐넛으로만 뒤덮이는 거죠. 환경단체들은 단일 식물 종만 재배하는 위험성을 경고하고 있어요. 넓은 땅에서 쌀, 밀, 콩, 옥수수 등 단 하나만의 품종을 재배하는 단일 경작은 문제가 많기 때문이에요. 작물이 질병과 해충에 취약해져서 위) 멸종 위기에 놓인 오랑우탄.

아래) 팜나무를 심기 위해 파헤쳐진 동남아시아의 열대 우림. 흙이 드러난 땅 주변은
　　　이미 팜나무 농장으로 개발되었다.

다량의 살충제, 살균제, 제초제를 사용하게 되거든요. 사용한 화학물질이 인근 지역의 토양, 대기, 물에 흘러들어 가 사람들의 건강과 생물 다양성을 위협하고 있어요.

지속 가능한 먹거리는 가능할까?

기업은 수요가 있으면 대량생산을 통해 단가를 낮추고 수익을 추구합니다. 기업의 목표는 돈을 버는 것이어서 비용을 줄이기 위해 값싼 노동력을 선택하려 해요. 그러다 보니 아동노동을 묵인하고 열악한 노동 환경을 개선하는 일에 소극적이에요. 우리는 흔히 소비자에겐 먹고 싶은 것을 마음껏 먹을 자유와 맛있는 것을 싸게 살 자유가 있으며 기업엔 이윤을 추구할 자유가 있다고 말해요. 하지만 그 자유 뒤에는 무참하게 파괴되는 환경, 멸종 위기에 처한 동식물, 안타까운 아동노동, 정의롭지 못한 수익 배분 그리고 가속화되는 기후 위기가 존재합니다. 우리는 다른 자유를 선택해야 해요.

쿠아파코쿠Kuapa Kokoo는 세계에서 가장 유명한 공정무역 초콜릿 협동조합입니다. 카카오를 재배하는 농부들과 교류하며 이들이 빈곤에서 벗어날 수 있도록 교육, 의료 서비스, 자금 대출 등을 지원하고 초콜릿 가공 설비도 지원해요. 공동체 발전 기금으로 우물과 학교도 짓고요. 우리가 공정무역 초콜릿을 사면 그 돈은 농부들에게 공정하게 돌아가 생산지에 사회·경제적 투자가 이루어질 수 있어요. 그 결과 지속 가능한 카카오 생산이 가능해져요. 농부들은 거대 기업에 휘둘리지 않고 열대 우림과 농장의 다양한 생물을 보호하면서 살충제와 농약

없이 건강한 카카오를 재배할 수 있죠.

공정무역은 아동노동을 반대하고 생산자에게 정당한 대가를 보장하며 친환경 재배를 돕습니다. 하지만 공정무역 초콜릿이 가격이 좀 비싼 데다 모양도 별로라고요? 대기업 초콜릿은 매끈해 보이면서 잘 녹지 않도록 밀가루를 첨가해요. 공정무역 초콜릿은 제조 과정에서 유화제, 산도 조절제, 식물성 유지와 합성 착향료를 사용하지 않기 때문에 몸에도 좋고 맛과 품질도 뛰어날 수밖에 없어요. 첨가물을 넣지 않으니 장기적으로는 단가를 낮출 수 있고요.

환경을 파괴하고 가난한 이들의 노동을 착취하며 기후 위기를 불러오는 달콤함은 오래 지속되지 못해요. 우리는 언제까지나 마음껏 먹을 수 있을 것 같지만, 영국 옥스퍼드대학교 환경변화연구소에 따르면 기후 변화로 오는 2050년까지 지구 기온이 2도 정도 올라가면 더는 카카오를 키울 수 없게 된다고 해요. 이대로라면 초콜릿이 엄청난 사치품이 되거나 결국 먹을 수 없게 되겠지요. 지속 가능한 먹거리를 선택하는 일은 우리 자신을 위한 중요한 선택이에요.

5. 다섯 번째 식탁

새우 요리가 넘쳐 나는 식당
°껍질을 까는 어린 손과 사라지는
맹그로브를 지키려면

새우 까는 아이들

마트에 가면 새우를 손쉽게 살 수 있어요. 껍질까지 깐 상태로 냉동된 새우를 구매해서 바로 팬에 투척하면 새우볶음밥, 해물 스파게티, 새우 버터구이, 감바스 등 다양하고 고급스러운 요리를 손쉽게 만들어 낼 수 있죠. 새우 요리는 어떻게 해도 다 맛있어요. 새우 알레르기만 없다면요. 그런데 갑자기 궁금해집니다. 이 많은 새우는 누가 다 깠을까요?

제 이름은 싸빼, 13살 여자아이입니다. 미얀마어로 '재스민'이란 뜻이에요. 하지만 여기서는 24번으로 불려요. 우리는 새벽 3시부터 일해요. 엄마와 아빠는 새벽 2시부터 일을 시작했어요. 관리자들이 문을 발로 차고 소리를 지르기 때문에 일어날 수밖에 없어요. 손가락을 바늘로 찌르는 것처럼 차가운 얼음물에 손을 담그고 16시간 동안 새우를 깝니다. 손이 느리면 혼이 나요. 새우 알레르기가 있는 친구들은 피부가 다 까지고 가려움과 염증에 시달려요. 적절한 치료를 받을 수도 없고, 쉴 수도 없어요. 어떤 아주머니는 아기가 배 속에서 죽었다고 하는데 계속 피를 흘리면서도 새우를 깠어요.

눈물이 뺨을 타고 흘러내려요. 차가운 얼음물이 다 터진 손등의 피부를 파고들고, 새우 껍질은 얼어붙은 손을 더 아프게만 해요. 저도 연필을 잡아 보고 싶은데 매일매일 까야 하는 새우는 쌓여 있습니다. 하루에 80킬로그램 정도의 새우를 까요. 생선 썩은 내가 코를 찌르고 주변 하수구에서 역겨운 냄새가 올라와요. 공용 화장실에는 오물이 넘치고 있어요.

여기는 아이들이 17명 정도 있어요. 우리는 다 찢어진 티셔츠를 입고 페인트칠이 벗겨진 벽 아래 소금물로 미끄러운 바닥을 맨발로 뛰어다녀요. 방은 밖에서 잠겨 있죠. 환기도 안 되는 창고 같은 이곳에서 하루 종일 일해서 버는 돈은 3달러(우리 돈 약 4,000원)인데 이렇게 번 돈으로 장갑도 사고 장화도 사고 청소 비용도 지불하면 남는 게 없어요. 우리는 하루에 한 끼 정도를 15분 동안 먹는데 그것도 빚이 됩니다. 먹으면서 대화하면 매를 맞아요. 우리가 이렇게 사는 걸 세상 사람들은 알까요? 우리는 세상에 존재하지 않는 사람들처럼 태국의 수산물 시장

벽 뒤의 은밀한 창고에서 일해요. 때론 이동하는 차량에서도 일해요. 또 어떤 이들은 먼바다로 나간 배 안에서 일해요.

　탈출을 시도해도 소용없어요. 태국 경찰은 우리가 밀입국자이기 때문에 감옥으로 보내고, 감옥에서 나오면 다시 이곳에 집어넣어요. 우리는 브로커가 숙식도 해결해 주고 좋은 일자리도 소개해 준다고 해서 미얀마에서 밀입국했는데 이럴 줄은 몰랐어요. 오자마자 빚더미에 앉게 되었고, 우리 서류를 이곳 관리자가 다 가지고 있어서 나갈 수도 없어요. 나가면 잡히고 잡히면 다시 돌아와요. 아무리 일해도 빚에서 빠져나올 수 없는 지옥 같은 삶이 계속 이어지고 있어요.

　트럭이 우리가 껍질을 까고 씻어 냉동고에 넣어 둔 새우를 매일 가져가요. 저 트럭은 어디로 가는 걸까요? 저 트럭 속 새우를 먹는 사람들은 누구일까요? 저는 새우를 먹어 본 적이 없어요. 이 지옥에서 어떻게 벗어날 수 있을까요? 손이 작아서 새우를 더 잘 깐다고 우리 같은 아이들을 계속 데려와요. 저에게도 꿈이 있어요. 학교에서 배우지도 못하고, 아픈데 치료도 못 받고 새우만 까다가 죽고 싶지는 않아요. 우리를 살려 주세요.

수산물 시장의 현대판 노예

　태국은 미얀마보다 소득이 8배 정도 높아 미얀마인들이 일자리를 얻으려고 밀입국하는 일이 많아요. 국경이 맞닿아 있는 데다 곳곳이 강과 숲이어서 몸을 숨기기 좋거든요. 브로커와 일부 태국 경찰은 소개비를 받고 밀입국을 눈감아 주며 불법 강제 노동에 이들을 연루시 새우 껍데기를 까는 강제 노동에 시달리는 어린이와 청소년들.

킵니다. 가장 많이 보내지는 곳이 태국의 거대한 수산물 시장 사뭇사콘입니다. 국제노동기구[ILO] 보고서에 따르면, 13~15살 사이의 이주 아동 1만여 명이 여기서 일하고 있다고 해요. 2018년 태국 정부와 유엔이 실시한 조사에 따르면, 태국 전역에서 5~17살 사이의 아동·청소년 약 17만 7,000명이 노동자로 일하고 있을 정도로 아동노동 실태가 심각해요. 그뿐만 아니라 해산물 가공 산업에서 일하는 미얀마 노동자의 거의 60퍼센트가 강제 노동 희생자예요.

미국, 아시아, 유럽 등에서 판매되는 껍질 없는 새우는 이들 '현대판 노예'로부터 만들어지고 있어요. 태국의 수산물 수출 산업의 호황 뒤에는 브로커와 부패한 경찰이 결탁한 인신매매, 강제 노동, 아동노동이 있는 거예요.

태국뿐 아니라 동남아시아 수산 업계 전반에 인신매매와 강제 노역이 만연해요. 먼바다에서는 불법 어선들이 참치, 청새치, 황새치 등 멸종 위기종을 마구 잡아 올려요. 이런 어획물은 아시아에서 가공되어 미국, 호주, 유럽 등 전 세계로 수출되지요. 우리나라를 비롯해 수산물 수입국 모두가 이 문제로부터 자유로울 수 없어요. 문제를 해결하려는 국제적인 노력이 필요합니다.

그렇다면 어떤 노력을 할 수 있을까요? 첫째, 제도를 개선해야 해요. 새우가 공급되는 거래망은 복잡하고 은밀합니다. 우리 손에 들어오는 깐 새우가 어디서 어떻게 가공되었는지 알 길이 없어요. 원산지 표시는 있지만 누가 깠는지에 대한 정보는 없으니까요. 세계화된 해산물 사업에 그물에서 식탁까지의 과정을 알려 주는 표시 시스템을 도입하거나 인증제가 필요합니다. 투명하게 관리된 해산물 정보는 소비자에게 알권리를 제공하고 강제 노동을 막아 줄 거예요.

둘째, 국가적 차원의 노력이 필요해요. 한 해 약 59만 톤의 새우를 소비하는 미국은 최근 관세법을 수정했어요. 과거에는 "강요된 노동으로 생산된 제품의 수입을 금지한다."라는 조항이 있었지만 "국내 소비자의 수요를 충족시킬 만큼 공급이 이뤄지지 않는 경우엔 예외로 한다."라는 단서를 달아 피할 구멍을 주었지요. 하지만 새우 까기 노동의 끔찍함이 알려지면서 이 단서를 부끄럽게 여기고 수정했어요. 유럽연합도 태국의 강제 노동 산물을 규제하고 이를 강력하게 단속하기 시작했어요. 새우를 수입하는 나라들이 움직이니 느슨했던 태국도 변화하려는 모습을 보이고 있지요.

셋째, 기업의 노력입니다. 기업이 해산물을 수입할 때 강제 노동이 있었는지 조사하고 그런 곳들과 거래하지 말아야 해요. 하지만 그런 것을 따지면 상품의 가격이 올라가니 느슨하게 모니터링할 확률이 높아요. 그래서 가장 중요한 것은 소비자인 시민의 목소리입니다. 시민이 움직이면 기업과 국가가 움직입니다. 제도 개선을 끌어내기 위해서는 우리의 지속적인 관심과 요구가 필요해요. 우리의 목소리는 불법 노동과 수산물 남획을 막아 사람과 환경을 모두 보호하는 변화를 가져올 수 있습니다.

새우와 맞바꾼 맹그로브 숲

드넓게 펼쳐진 강과 바다가 만나는 아열대 지역에는 수십 종의 나무들이 바다의 열대 우림처럼 숲을 이루고 있어요. 이 숲을 맹그로브라고 해요. 서로 뿌리를 촘촘하게 얽어 물을 깨끗하게 거르죠. 나무들이 뿌리를 내린 곳은 육지보다 더 깊고 촉촉하고 부드러운 물 아래 땅이에요. 영양분을 머금은 생명의 보금자리죠. 여기서 이제 막 기지개를 켠 아기 게들이 고개를 쏙 내밀었다가 얼른 부드러운 진흙에 머리를 파묻어요. 엄마 물고기는 이곳에 알을 낳으면 파도에 알이 쓸려 가지 않겠다 안도하며 해조류 사이를 헤엄쳐 유유히 먼바다로 나아갑니다.

맹그로브 숲은 쓰나미나 태풍이 몰아쳐도 뿌리가 서로 촘촘하게 얽혀 있어 든든한 자연 방파제 역할을 해요. 기후 변화로 해수면이 높아져 육지로 침범하는 바닷물을 막아 주기도 하죠. 실제로 맹그로브가 없는 곳은 쓰나미 피해가 큰데, 일본 연구진은 맹그로브 덕분에 쓰나미 위력이 90퍼센트나 줄어든다는 연구 결과를 《사이언스》에 발표하기도 했어요. 맹그로브 숲이 없는 해안은 태풍이 한번 지나가면 그 일대 토양이 2미터씩 깎여 나가기도 하죠.

맹그로브 숲은 공기 청정기 역할도 해요. 탄소 저장 효과도 아마존 열대 우림의 4배에 달합니다. 전 세계 맹그로브 숲이 흡수하는 연간 이산화탄소량은 2,000만 톤 이상으로 추정되고 있어요. 1헥타르의 맹그로브 숲에서 흡수하는 탄소량은 약 900대 이상의 자동차가 1년간 배출하는 탄소량에 맞먹어요.

그런데 최근 들어 생태적으로 소중한 가치를 지닌 이 맹그로브 숲이 지구상에서 사라지고 있어요. 글로벌맹그로브얼라이언스GMA에 따르면, 해마다 여의도 면적의 50배가 넘는 맹그로브 숲이 파괴되고 있위) 맹그로브 숲을 파고들며 바닷가를 따라 끝없이 늘어선 새우 양식장.

아래) 위쪽으로는 새로 만든 새우 양식장이, 아래 쪽에는 검게 변해 버려진
      새우 양식장들이 보인다.

다고 해요. 특히 2010년 이후 인도네시아, 방글라데시, 베트남, 미얀마 등 아시아에서 40퍼센트 정도의 맹그로브 숲이 사라졌고, 그 속도도 엄청 빨라요. 열대 우림 파괴 속도보다 4배나 빠르죠. 열대 우림이 주로 고기와 팜유를 얻기 위해 파괴된다면, 맹그로브 숲은 새우를 얻기 위해 파괴되고 있어요.

　바다에서 새우를 양식하려면 영양분이 풍부한 서식처가 필요해요. 보통의 식물은 짠 바닷물에서 자라기 쉽지 않은데, 맹그로브 숲은 오히려 염분이 있는 곳을 좋아하고 숲 자체가 풍부한 영양분을 품고 있어 새우 양식에 최적화된 곳이에요. 그러니 맹그로브 숲을 새우 양식업자들이 가만둘 리 없죠. 하지만 맹그로브 숲을 파괴하고 조성한 새우 양식장은 겨우 3~4년밖에 사용할 수 없어요. 새우 배설물, 사료 찌꺼기, 세균 등으로 아무것도 키울 수 없는 환경으로 변하기 때문이죠. 새우 양식장이 휩쓸고 지나간 자리는 아무것도 자라지 않는 검녹색 황무지로 바뀌어요. 사람들은 즉시 바로 옆의 맹그로브 숲에 새 양식장을 만들죠. 그렇게 파괴 범위는 시간이 갈수록 넓어지고 있어요.

　맹그로브 숲을 훼손하고 얻은 대가는 숲 1만 제곱미터당 고작 0.5톤의 새우일 뿐입니다. 2021년 인도네시아의 새우 생산량이 37만 8,475톤이었으니 얼마나 많은 맹그로브 숲이 파괴되었을지 상상이 되죠? 인도네시아는 전 세계 맹그로브 숲의 25퍼센트를 보유하고 있는데 최근 15년 사이 70퍼센트의 맹그로브 숲이 사라졌어요. 고래 싸움에 새우 등 터진다지만, 새우 먹으려다가 지구의 허파가 터지겠어요. 2012년 미국 오리건대학교 연구진은 동남아시아에서 생산되는 블랙타이거새우의 탄소 발자국이 맹그로브 숲의 가치까지 포함하면 소고기보다 10배나 많다고 밝혔습니다. 탄소 발자국은 개인이나 기업, 국가 등이 어떤 제품이나 서비스의 원료 채취, 생산, 수송, 사용, 폐기에 이르는 전 과정에서 배출하는 온실가스의 총량을 말해요.

새우를 먹기 전에 질문해야 할 것들

2000년대 들어 세계적으로 맹그로브 숲을 복원하려는 움직임이 시작되었지만, 파괴 속도와 규모가 엄청나 이를 따라가지 못하고 있어요. 맹그로브가 탄소를 흡수할 만큼 자라려면 5년은 필요한데, 그사이 파도에 밀려 속절없이 사라지거나 상위 포식자가 없어져 엄청나게 번식한 따개비가 어린나무에 붙어 제대로 자라지 못한다고 해요. 사람들이 버린 해양 쓰레기가 밀려와 뿌리에 뒤엉키기도 하고요. 맹그로브 숲은 지구에서 수천 년 동안 만들어진 인류의 귀한 자산이에요. 애초에 파괴하지 말아야 하고 지속적인 복원이 이루어져야 해요.

숲을 지키기 위한 국제 협약과 어민들에 대한 대책도 필요해요. 숲을 파괴한 새우 양식업자들도 피해자이기 때문이에요. 이들은 생계를 위해 어쩔 수 없이 새우 양식을 선택한 경우가 많아요. 맹그로브 숲의 파괴로 어류의 서식처가 사라져 어획량이 감소하면 결국 어민들은 새우 양식으로 업종을 바꿀 수밖에 없어요. 그러면 새우 양식이 늘어나 맹그로브 숲이 더 많이 파괴되는 악순환이 계속 일어나요. 새우 양식으로 어민들의 가난이 해결되는 것도 아니에요. 맹그로브 숲이 사라진 마을은 기후 재난이 잦아져 더 강력해진 태풍의 피해를 고스란히 입고 있습니다.

미국, 캐나다, 유럽, 일본은 물론 중국과 우리나라를 비롯해 전 세계에서 새우 소비가 계속 늘어나고 있어요. 유엔식량농업기구가 발간한 '2022 세계 수산·양식 동향SOFIA' 보고서에 따르면, 새우는 세계 수산물 교역량의 17퍼센트를 차지해요. 세계적으로도 해조류를 제외하고 양식 산업에서 생산량이 가장 많은 어종은 흰다리새우로 확인되었어요. 우리는 마트에 가면 흔하게 새우를 구할 수 있는데 그중 90퍼센트가 수입산이에요. 유엔식량농업기구에 따르면, 2021년 우리나라는 약 1조 2,200억 원어치의 새우를 수입했어요. 규모만으로는 미국, 중국, 일본, 스페인, 프랑스에 이어 6위지만 인구 1인당 새우 수입량으로 계산하면 전 세계 2위예요.

새우를 향한 우리의 욕망은 가속 페달을 밟듯 끝없이 질주하고 있어요. 늘어나는 새우 수입량에 비례해 맹그로브 숲의 파괴 속도도 빨라지고 있지요. 사라지는 맹그로브 숲과 새우 껍질을 까는 어린이들의 고통은 우리 식탁과 무관하지 않아요. 식탁 위의 새우는 등을 잔뜩 웅크린 채 이렇게 말하고 있어요. "어디서 키워졌을까요? 누가 깠을까요? 관심 좀 가져 주세요!"

2부

기후 위기와
기후 정의
식탁의 위기와
식탁 정의

1. 첫 번째 위기

내일은 못 먹을지도 몰라!
성큼 다가온 식량 위기

투덜이의 독백

기후 위기? 그게 나랑 뭔 상관인데? 지구가 더워지면 지구가 더운 거지, 내가 열이 오르는 것도 아니고. 나야 에어컨 틀고 선풍기 틀고 집에 있거나 수영장 가서 놀면 되지. 아직 겨울도 있고 여름도 있는데 뭐. 겨울이 가을처럼 되면 좋고. 난 여름 좋아하는데 여름이 길면 더 좋지. 지구 온난화가 나랑 뭔 상관이라고 맨날 지구 온난화 타령이야? 이제 듣기도 싫다. 괜히 위기니 어쩌니 하면서 겁이나 주고, 귀찮게 일회용 컵 쓰지 말라고 하고. 솔직히 나 하나 일회용 컵 안 쓴다고 세상이 달라져? 이 바쁜 세상에 텀블러 들고 다니면서 매번 씻으란 말이야? 재활용 어쩌고. 그거 잘해 봤자 나중에 그냥 모아서 한꺼번에 가져가더라. 미세먼지도 많은데 자가용 안 타고 이 더위에 걸어 다니라고? 미세먼지 많으면 공기 청정기 틀면 되고. 더우면 에어컨 틀고. 이제까지 살았듯 그렇게 살면 되잖아. 나 하나 오늘 소고기 안 먹었다고 세상이 달라져? 먹는 거 갖고 자꾸 죄책감 주고. 어차피 다 먹고 살자고 하는 건데 말이야. 우리나라에 열대 과일 나면 냉동 망고 안 사 먹고 망고 따 먹으면 되겠네. 지구가 더워진다고? 좋아하는 망고나 실컷 먹자!

투덜이의 독백에 공감하나요? 한 번쯤 투덜이처럼 생각해 본 적은 없나요? 지구 온난화가 아직 내 피부로 와닿지 않는 먼 나라 이야기로 들릴 수 있고, 뉴스에서 홍수, 가뭄, 산불 기사를 봐도 딱히 문제라는 생각도 들지 않을 거예요. 지금 이대로 간다면 우리는 북극의 빙하가 다 녹는 걸 목격할 거예요. 그래도 그게 그렇게 위협적으로 다가오지는 않을 수 있어요. 어차피 북극에 살 것도 아니고, 영상으로나 볼 거고, 해수면이 높아져도 바다 바로 앞이 집이 아니면 그냥 그런가 보다 하고 말겠죠. 걱정되고 무섭기도 하지만 당장 내 삶이 변하는 건 아니니까요. 좀 더우면 에어컨 틀고, 비 많이 와서 꿉꿉하면 가습기 틀고, 빨래 안 마르면 건조기 돌리고. 우리나라에서 안 나게 된 작물은 수입해서 먹고, 기후가 변해서 우리나라에서 안 나던 과일이 나오면 그거 먹어서 좋고. 이제까지 살던 대로 계속 살 수 있을 것만 같죠?

하지만 과연 그럴까요? 벌써 변하는 것들이 생기고 있어요. 시간이 지날수록 가파르게 오르는 물가와 마트에 진열된 먹거리의 변화가 어

주요 농작물의 재배 지역 이동 현황. 흑백 과일은 1980년대 대표 재배지이고, 컬러 과일은 2010년 이후 재배 가능 범위이다. 파란색 화살표가 북쪽으로의 위도 변화를 보여 준다.

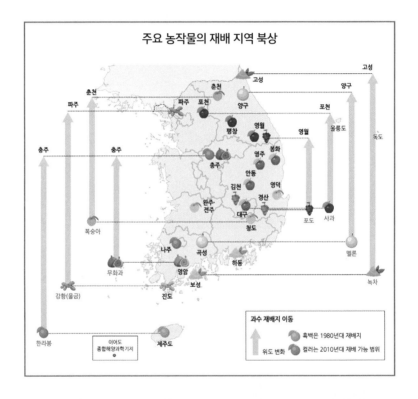

쩌면 우리의 삶을 가장 크게 바꾸게 될지도 몰라요.

2020년 중부 지방의 장마 기간이 54일이나 되어 토마토 생산이 줄면서 몇몇 프랜차이즈 매장에서 햄버거 안에 토마토를 넣지 못하는 일이 벌어졌어요. 2023년 인도에서는 일일 최고기온이 40~45도를 기록하며 토마토값이 휘발윳값보다 올라 햄버거에서 토마토가 빠진 것은 물론이고 모든 식량 가격이 크게 올랐어요. 우리가 먹고살기 위해 꼭 필요한 농수산물은 기후의 영향에 민감할 수밖에 없어요. 우리의 식탁도 휘청거리게 되죠. 기온이 1도 상승할 때마다 식량 생산량은 3~7퍼센트가 줄어든다고 해요. 2021년 나사NASA는《네이처 푸드》에 기후 변화가 농업 생산에 미치는 연구를 발표했어요. 기온이 올라가면 작물의 성장 속도는 빨라지지만 수확량은 줄어든다는 연구였죠. 왜냐하면 열매를 맺을 시간이 줄어들기 때문이에요. 벼의 경우 키는 더 높이 자라지만 줄기 수가 줄고 이삭에 달리는 알갱이 수와 크기도 줄어 수확량이 감소해요. 그린피스의 「기후 위기 식량」 보고서에 따르면, 고추도 문제예요. 고추는 26~36도에서 잘 자라는데 폭염 일수가 길어지면 꽃봉오리 수가 줄어들고 열매 수와 크기가 급격하게 작아져요. 기후 변화가 지금처럼 지속된다면 전라도는 2060년, 경상도는 2070년에 고추 재배가 불가능해져요.

라면에는 김치죠. 아니, 라면에만 김치가 필요하진 않죠. 한국인이라면 밥에는 김치가 따라옵니다. 그런데 고추뿐 아니라 김치에 필요한 배추도 사라질 거예요. 농촌진흥청에 따르면, 2010년 7,449헥타르였던 배추 재배 면적이 2050년이면 256헥타르로 확 줄어든다고 해요. 경작

지가 30분의 1로 축소되면 배추 품귀 현상이 나타나겠죠. 고랭지 배추
는 해발 600미터 이상의 높고 서늘한 지역에서 자라는 배추인데, 이미
우리나라 연평균 기온이 1.8도 상승하면서 고랭지가 점점 사라지고 있
어요.

이처럼 우리나라 안에서만도 작물 재배 면적이 축소되고 있어요. 감
자도 더 높은 산꼭대기를 향해 올라가고 있고, 많은 작물이 북쪽을 향
해 이동 중입니다. 자라던 곳이 더워지니 조금이라도 더 서늘한 곳을
찾아가는 거예요. 작물들이 발이 달려서 이동하는 건 아니고요, 남쪽
지방에서 농작물 재배가 실패하니 점점 위로 이동하며 다시 심는 거
죠. 그러면서 재배 면적이 축소되고 있어요.

사과 재배에 적합한 장소는 연평균 기온이 1도 상승하면 41퍼센트
감소하고, 2도 상승하면 66퍼센트가 감소해요. 5도 상승하면 80퍼센트
가 감소할 거예요. 사과, 하면 경북 대구였는데 지금은 강원도 양구에
서 재배되고 있어요. 제주에서 나던 감귤은 전남 고흥과 경북 경주, 경
남 진주, 통영에서도 재배되고요. 경북 김천 포도는 강원도 영월로, 충
남 금산의 인삼도 지금은 경기도 이천이나 연천까지 올라왔어요. 경북
청도 복숭아도 강원도 춘천에서 재배되지요.

우리나라 사람들이 제일 좋아하는 건 치킨일까요, 커피일까요? 우리
나라 커피 전문점 숫자가 치킨집을 넘어섰다고 해요. 이렇게 사랑받는
커피도 나중에는 엄청나게 비싸고 귀한 사치품이 될 수 있어요. 세계
적으로 커피 생산량의 60퍼센트를 차지하는 아라비카 품종은 적정 재
배 온도 범위가 18~21도로 기후 변화에 민감한 작물이에요. 온난화와

강수량 증가가 지속되면 커피 열매가 열리지 않고, 커피잎나무병이 발생해 재배가 어려워져요. 2021년 IPCC 보고서에 따르면, 2050년에 지구 평균기온이 산업화 이전 대비 약 3도 이상 상승할 경우, 지금 재배지의 63~75퍼센트 지역에서 더는 커피나무를 키울 수 없다고 해요.

주인공 없는 축제

2023년 경북 영덕에서 주인공 없는 축제가 열렸어요. 실종된 주인공은 바로 영덕대게입니다. 5년 전과 비교하면 어획량이 절반으로 줄었다고 해요. 수온이 상승한 탓이죠. 이렇듯 지역 특산물이 유명무실하게 되었어요. 전남 흑산도 홍어는 군산서 많이 잡히고, 제주 방어는 동해안으로 올라왔어요. 수십, 수백 년 동안 지역을 대표하던 특산물이 단 5년 사이에 바뀌고 있지요. 국립수산과학원에 따르면 한반도 해역의 표층 수온은 50여 년 사이에 1.5도 상승했다고 해요. 전 세계 바다가 같은 기간 1.3도 상승한 것과 비교해도 0.2도나 더 올랐어요. 다른 나라에 비해 해양생물 생태계 변화도 더 심각한 상황이에요. 어류의 먹이인 동식물 플랑크톤의 수가 줄어들고 있고 크기도 작아지고 있어요. 이렇게 되면 고등어 등 주요 어종이 번식하기 힘들어요.

우리나라 사람들은 해산물을 참 좋아해요. 생선이나 해조류, 어패류를 미국인이 1년에 23.7킬로그램을 먹고, 중국인이 39.5킬로그램을 먹을 때 한국인은 무려 68.1킬로그램을 먹거든요. 그런데 국제 연구팀이 해양동식물, 원생동물과 박테리아 등 바다 수심 100미터까지 서식하는 2만 4,975종을 IPCC 기후 변화 시나리오에 따라 분석한 결과, 인류

2019년 이후 해마다 서아시아와 아프리카 농작물을 초토화시키는 대형 사막메뚜기.
사막메뚜기 떼는 남아시아와 아메리카 등 점차 전 세계로 퍼져나가고 있다.

가 지금처럼 화석연료를 사용하고 무분별한 개발을 확대한다면 해양 생물종 중 84퍼센트가 높은 멸종 위험을 겪고, 2.7퍼센트는 심각한 멸종 위험을 겪을 것으로 예측했어요. 특히 식량 자원으로 이용되는 참치나 복어를 비롯해 저위도에 사는 상어, 가오리, 해양 포유류가 매우 위험해져요. 반면 인류가 지금과는 달리 재생 에너지를 확대하고 경제를 지속 가능한 시스템으로 바꾼다면 거의 모든 종의 멸종 위험이 줄어들고 해양 생태계의 안정성이 향상될 것으로 분석했어요. 우리의 식탁을 지키기 위해서라도 희망이 있을 때 최선을 다해야 해요.

죽음을 부르는 배고픔과 타는 목마름

여전히 김치도 커피도 대게도 안 먹으면 그만이고 다른 걸 먹으면 된다고 생각하나요? 하지만 기후 위기보다 먼저 식량 위기가 우리 모두 직접 체감할 수밖에 없는 엄청난 재난으로 다가올 거예요. 세계보건기구WHO는 2030~2050년 사이에 기후 변화와 관련하여 매년 2만 명이 사망할 것으로 예측해요. 이때 기후 변화로 초래되는 식량과 물 부족이 인류의 생존을 위협할 거예요.

아프리카 동쪽 섬나라 마다가스카르는 국민 10명 중 7명이 농업에 종사하는 생물 다양성이 풍부한 풍요의 땅이었지만, 2021년에 114만 명이 식량 구호를 받아야 하는 상황이 되었어요. 40만 명은 기아 상태에 놓였고요. 홍수, 태풍, 가뭄은 식량 생산을 감소시킵니다. 높은 온도에 늘어난 병충해와 질병도 큰 문제예요. 케냐, 에티오피아 등 아프리카 국가에서는 기후 변화로 엄청나게 늘어난 사막메뚜기 떼로 인해

3만 5,000명이 먹을 작물이 단 하루 만에 사라졌어요. 에티오피아에서만 20만 헥타르가 넘는 지역이 피해를 봤고, 곡물 생산량이 약 35만 6,000톤 정도 감소했어요.

가뭄이 지속되면 물도 부족해지죠. 홍수도 물을 오염시키는 원인이에요. 세계기상기구WMO는 가뭄과 홍수 등 물과 관련한 재해가 증가하면서 2050년에는 50억 명 이상이 물 부족을 겪을 수 있다고 전망해요. 지금도 이미 10억 명 이상이 깨끗한 물을 구할 수 없는 상황이에요. 물이 오염될수록 질병에 더 쉽게 노출되겠죠. 세계보건기구는 앞으로 전 세계 인구 16명 중 1명은 더러운 물을 마실 수밖에 없을 거라고 밝혔어요.

식수도 문제지만 작물 재배에 쓰이는 물도 문제입니다. 2021년 봄 아몬드의 80퍼센트를 생산하는 미국 캘리포니아주에서 농부들이 아몬드나무를 베어 내는 일이 생겼어요. 가뭄이 심각해지면서 식수를 확보하기 위해 농업용수를 줄여야 했기 때문이에요. 지금까지 살펴본 것들은 빙산의 일각에 지나지 않아요. 모든 일이 연쇄 반응처럼 일어나면서 우리는 기후 위기가 불러온 식량 위기 상황을 맞게 될 거예요.

데이비드 월러스 웰즈는 책 『2050 거주불능 지구』에서 기온이 1도 상승할 때마다 곡식 수확량이 10퍼센트씩 감소하면서 21세기 말인 2100년 즈음에 지구가 5도 더 뜨거워진다면 사람들을 먹일 곡식이 지금의 반으로 줄어들 것이라고 전망했습니다. 다시 한번 이야기하지만 희망이 있을 때 최선을 다해야 해요.

2. 두 번째 위기

터전을 잃어버린 사람들과
위협받는 먹거리
기후 난민과 식량 안보

국경을 넘는 사람들과 국경을 막는 사람들

땅은 쩍쩍 갈라지고 작물은 타들어 가고 식수도 없고 가축도 물이 없어 죽어 가고 있어요. 곡창 지대였던 땅에 바닷물이 침범해 소금기 있는 땅이 되어 아무것도 자라지 못해요. 심지어 해수면이 높아져 살고 있는 땅이 전부 바닷물에 잠기면 어떻게 될까요? 그런 곳에서 더는 살 수 없으니 다른 곳으로 이주해야겠죠. 발이 없는 작물들도 서늘한 곳과 산꼭대기로 이동하는데 발이 있는 사람이라면 살기 위해서 전진할 수밖에 없잖아요. 배를 타든지 국경을 넘든지 어디든 살 수 있는 곳으로 가야죠. 이렇게 기후 난민, 환경 난민이 생겨나고 있어요.

이들이 새롭게 이주한 지역 역시 기후 변화로 취약해진 상태라 한정된 자원을 두고 갈등이 벌어질 수밖에 없고 결국 분쟁이나 전쟁으로 이어지겠죠. 기후 변화는 국제적인 갈등을 불러오게 될 거예요. 전세계는 지금도 내전이나 인종, 종교 갈등 같은 여러 이유로 살던 터전을 떠나온 난민 문제를 해결하지 못하고 있어요. 그런데 앞으로는 기후 위기로 난민이 더 많이 발생할 거예요. 그래서였을까요? 몇 해 전 트럼프 미국 전 대통령은 미국과 멕시코 국경을 따라 세워진 장벽을 더 높게 쌓아 버렸습니다. 기후 위기, 식량 위기가 심각해지면 여기저기에서 국경이 봉쇄될 수 있어요. 하지만 난민 문제는 국경 봉쇄로 해결할 수 없어요. 그들은 자기 땅에서 살 권리를 박탈당했어요. 그 책임은 국제사회가 함께 져야 해요. 기후 난민과의 공존은 앞으로 전 세계가 함께 중요하게 해결해야 할 문제예요. 왜냐하면 기후 변화와 환경 문제를 일으킨 건 그들이 아니거든요.

위협받는 먹거리를 지키려면

우리나라는 식량 위기에 얼마나 대응할 수 있을까요? 여기서 중요한 것이 식량 안보입니다. 식량 안보란 국가가 인구 증가, 각종 재난, 전쟁 같은 특수한 상황에서도 국민이 굶주리지 않고 먹을 수 있는 일정하고 충분한 수준의 식량을 유지하는 걸 말해요. 그러려면 우리나라에서 식량을 스스로 마련할 수 있어야 하죠. 그런데 우리나라는 쌀을 제외하고 밀, 콩, 옥수수 등 곡물 자급률이 3.4퍼센트 정도밖에 안 돼요. 연간 1,600만 톤 이상의 곡물을 수입하는 세계 5대 곡물 수입국에

속합니다. 현재 우리나라의 식량 자급률은 50퍼센트 미만인데, 가축 사료를 고려하면 21.7퍼센트(2018년 기준)로 떨어져요.

우리나라는 미국, 브라질, 우크라이나 세 나라에서 밀의 80퍼센트 이상을 수입하고 있어요. 콩은 미국, 브라질 두 나라에서 약 90퍼센트를 수입하고, 가장 많은 양을 수입하는 옥수수는 미국, 브라질, 아르헨티나 세 나라에서 약 80퍼센트를 수입해요. 주요 곡물을 두세 개 나라에 의존하고 있는 거예요. 이렇게 식량 공급망이 다양하지 않으면 다른 나라의 상황에 크게 영향을 받게 돼요.

쌀을 예로 들어 볼게요. 쌀을 생산해서 수출하던 나라가 기후 위기로 쌀 생산량이 줄어들면 쌀값이 올라요. 사람들은 쌀값이 더 오를 걸 걱정해 미리 쌀을 잔뜩 사서 쟁여 둡니다. 이렇게 사재기를 하면 쌀값은 더 상승해요. 결국 정부는 국민을 위해 쌀 수출을 막거나, 아주 비싼 값에만 수출하겠죠. 그러면 쌀을 수입하던 나라들은 당장 먹을 쌀이 없으니 비싸게라도 사 와야 하고, 비싼 가격에 쌀을 살 능력이 없는 사람들은 굶게 됩니다. 세계은행에 따르면, 식량 가격이 1퍼센트 높아지면 1,000만 명이 극심한 굶주림과 빈곤에 처한다고 해요.

실제로 기후 위기와 코로나19가 겹쳐 2020년에는 베트남이 쌀 수출을 중단했고, 같은 해 러시아도 밀, 쌀, 보리 수출을 중단했어요. 세르비아는 밀, 설탕, 식용유 수출을 중단했죠. 여기에 2022년 우크라이나와 러시아 전쟁으로 상황이 더 나빠졌어요. 우크라이나와 러시아는 둘 다 밀 최대 수출국으로 전 세계 수출량의 29퍼센트를 차지해 왔어요. 밀을 수입하던 아프리카와 중동 국가들은 크게 오른 곡물값으로 엄청

기후 변화가 식량 위기에 미치는 가장 큰 영향은 폭염으로 인한 가뭄과 물 고갈이다.
홍수, 태풍과 허리케인, 갑작스런 한파도 악영향을 준다.

난 물가 불안 상태에 빠졌습니다.

곡물 수입 의존도가 80퍼센트인 우리나라는 식량 안보가 위험한 상황입니다. 국제적 상황에 영향을 많이 받는다는 말은 우리 먹거리가 다른 나라 손에 달려 있다는 뜻이기도 해요. 국내 식량 생산을 늘려 식량 자급률을 높이면 된다고요? 하지만 자급률을 높이는 건 현실적으로 어려워졌습니다. 여러 이유가 있지만, 우리 농산물 시장이 거의 전부 개방되어 있다는 게 가장 큰 이유예요. 국내 농산물 가격이 수입 농산물보다 몇 배나 차이가 나서 사람들이 굳이 비싼 돈을 주고 국산 작물을 사지 않기 때문에 농사를 지으려는 사람들이 거의 없어요. 그나마 요즘 국산 콩에 대한 선호도가 올라가 콩 자급률이 조금 높아졌어요. 밀 자급률이 1퍼센트 미만인 데 비해 콩은 25퍼센트 정도예요.

다른 작물에 비해 쌀 자급률을 100퍼센트로 유지할 수 있었던 건 쌀 수입에 500퍼센트가 넘는 높은 관세를 붙여 수입 쌀을 막고 국내산 쌀 가격을 유지할 수 있었던 덕분이에요. 그런데 농림축산식품부에 따르면, 2019년에 92.1퍼센트가 되는 등 쌀 자급률마저 떨어지고 있다고 해요. 쌀 자급률이 떨어지는 이유는 여러 가지가 있어요. 우리 식습관이 서양식으로 바뀌어 밥을 덜 먹고 있고, 농부들이 벼농사보다는 소득이 높은 비닐하우스 재배로 돌아서고 있기 때문이에요. 여기에 기후 위기가 강력한 한 방을 먹여요. 지금 같은 추세로 온실가스가 계속 배출되면 금세기 말 한반도 평균기온은 4.7도 올라가는데, 그럴 경우 쌀 생산량은 25퍼센트 감소하게 될 거예요.

식량 자급률을 높이려면 우선 농촌을 보호하고 농업을 활성화하는 정책을 펴 나가야 해요. 전 세계에서 식량 자급이 100퍼센트 가능한 나라는 미국, 호주, 러시아와 유럽연합 몇몇 나라 정도예요. 식량을 수입할 때도 해외 공급망을 다양하게 확보하기 위해 노력해야 해요. 식량 자급률 10퍼센트인 도시국가 싱가포르는 무려 170개국에서 식품을 수입하고 있어요. 또 해외에 우리나라 농업 기술을 전수만 할 것이 아니라, 다른 나라들의 현지 농업에 대한 이해를 높이고 우리가 수입하는 먹거리를 생산하는 해외 농부들과 다양한 네트워크를 형성할 필요가 있어요. 위기 상황에서 공조할 수 있도록 시스템을 갖추는 것이 지금의 우리에게는 꼭 필요합니다.

3. 세 번째 위기
씨앗과 산호와 꿀벌이 사라진다면
○생물 다양성 위기

노아의 방주

식량 위기에 대처하기 위해서는 씨앗을 보관하는 일이 무척 중요합니다. '노아의 방주'라는 씨앗 저장소를 알고 있나요? 이곳은 노르웨이령 스발바르제도의 스피츠베르겐섬에 있는 국제 종자 저장소로, 북극권에 있어 전력이 끊기는 날에도 종자를 보관할 수 있는 천혜의 씨앗 저장고예요. 지구 온난화로 해수면이 상승해도 침수되는 것을 막기 위해 해발 130미터, 암반층 내부 120미터 지점에 만들었고, 강한 지진에도 견딜 수 있게 설계했어요. 그래서 이곳을 '최후의 날 저장소'라고 부르기도 해요. 인류에게 중요한 종자들이 107만 종(2019년 기준) 보관되어 있어요. 저장고 출입구는 하나밖에 없는데, 이 문을 열기 위해서는 유엔과 국제기구들이 보관 중인 마스터키 6개가 모두 모여야 열 수 있어요. 우리나라 종자도 여기에 보관되어 있어요. 씨앗을 냉동고에 너무 오래 보관하면 발아 확률이 떨어지기 때문에 전문가들이 주기적으로 발아율 테스트를 하고 다시 밀봉합니다.

이 밖에도 세계 각국에 종자 저장고가 1,400여 군데 있지만, 유엔식량농업기구에서 인정한 국제 종자 저장소는 '노아의 방주'와 다른 한 곳, 딱 두 곳밖에 없어요. 나머지 한 곳은 자랑스럽게도 우리나라에 있습니다. 경상북도 봉화군 국립백두대간수목원 안에 있는 백두대간국제저장고예요. 스발바르가 식량이 될 종자를 주로 보관한다면, 백두대간은 야생 종자를 주로 보관해요. 위기에 처한 천연기념물 종자도 보관하고 있어요. 2018년부터 본격적으로 가동된 종자 금고에는 현재 4,900종(2022년 기준)이 저장돼 있죠.

이곳은 국가 보안 시설로 지정되어 위성위치확인시스템GPS에도 잡히지 않아요. 지하 60미터에 최첨단 시설을 갖추고 있고 3중 철판 구조로 지어져 전기와 통신이 모두 끊겨도 실내 기온이 10~15도 이상 올라가지 않아요. 평상시엔 영하 20도를 유지해 씨앗이 발아하거나 썩지 않도록 설계되어 있어요. 야생 종자를 관리하기 어려운 다른 국가가 맡긴 씨앗도 관리해 줍니다. 종자 저장고는 우리의 미래 세대에게 물려줄 소중한 유산이에요.

왜 생물 다양성을 유지해야 할까?

씨앗이 미래의 유산이 되려면 생물 다양성을 유지해야 해요. 어쩌면 우리가 지금 잘 먹는 작물과 그 씨앗들은 지금의 기후에 최적화된 품종일 수 있어요. 앞으로 기후가 변화하면 인류에게 익숙하지 않은 어떤 씨앗에서 미래의 위기를 극복할 새로운 기회를 발견할 수 있을지 몰라요. 이를 대비해 다양한 작물의 다양한 유전적 특징을 유지할 필요가 있어요.

유전적 다양성이란 무엇일까요? 예를 들어 A, B, C, D, E라는 5개 감자 품종을 재배하는 밭과 맛과 수확률이 가장 좋은 A 감자만 골라서 심는 밭이 있다고 해봐요. A는 다 좋은데 곰팡이에 취약한 약점이 있어요. 어느 날 감자에 곰팡이가 피는 감자마름병이 유행하기 시작했어요. A만 키우던 밭은 모든 감자가 죽었고, A, B, C, D, E를 키우던 밭은 곰팡이에 취약한 A, B, D는 죽었지만, 나머지 C, E가 살아남아 감자를 수확할 수 있었어요. 즉, 유전적 다양성이 높을수록 환경이 급격히 변할 때 살아남을 확률이 높아요.

생물 다양성이란 말도 들어 보았죠? 유전적 다양성이 감자나 벼 같은 하나의 종 안에 다양한 품종의 감자나 벼가 존재하는 걸 의미한다면, 생물 다양성은 유전적 다양성을 포함하면서 동물, 식물, 곤충, 세균처럼 여러 종의 다양성을 뜻하는 말이에요. 여기에는 숲, 초원, 사막 등 다양한 생태계도 포함돼요. 유전적 다양성, 종 다양성, 생태계 다양성을 통틀어 생물 다양성이라고 합니다.

우리나라도 예전에는 집집마다 벼 품종이 전부 달랐어요. 하지만 농위) 안데스에서 자라는 감자. 고구마와 같은 종류의 다양한 덩이 줄기 식물들.
아래) 페루의 원주민 농업 공동체 에코휴엘라 농장.

업이 상업화되며 대량생산에 적합한 품종 몇 개로 단순해졌죠. 그러는 동안 수많은 재래종이 빠르게 사라졌어요. 유엔식량농업기구는 현대화가 시작된 이후로 90퍼센트 이상의 작물이 시골에서 사라진 것으로 추정하고 있어요. 거대 기업에서 유전자 자원을 독점하고 종자를 상품화하고 단일 재배를 하게 된 것이 큰 원인이에요. 전 세계적으로도 1980년대 이후 세계 종자 시장의 53퍼센트를 단 두 개 기업이 지배하고 있어요.

안데스 고산 지대는 오늘날에도 여전히 다양한 종자를 재배해요. 이곳은 세계화 물결의 영향을 받지 않았고, 안데스 농부들이 극한 환경에서 살아남기 위해 좁은 땅에 여러 품종을 나눠 심는 다작물 재배를 해 왔기 때문이에요. 단일 재배 지역과 달리 수십 종의 뿌리채소와 100여 종의 감자를 비롯해 단백질이 풍부하고 해충에 강한 수많은 곡물이 자라고 있죠. 다행히 페루 정부는 고유한 문화를 지닌 원주민이 사는 이곳을 생물 다양성 보호 지역으로 지정했어요. 우리나라도 도심지 내 텃밭을 비롯해 습지, 경사진 경작지 곳곳에 작게라도 여러 개의 작물을 재배하는 환경을 만들어 나가는 것이 필요해요. 토종 씨앗을 발굴하고 보존하려는 움직임도 지원해야 하고요.

다양한 작물의 재배뿐만 아니라 야생식물 종을 보호하는 일도 필요해요. 야생식물 종은 재배종에 비해 다양한 유전자를 가지고 있어요. 야생식물 종으로부터 질병과 기생충에 강한 유전자를 얻어 병충해를 잘 견디는 농작물을 개발하기도 해요. 우리가 생물 다양성을 유지해야 하는 이유예요.

최근 들어 생물 다양성이 급격히 무너지고 있어요. 도시화, 산림 훼손, 무분별한 가축 방목으로 숲이 사라지고 가뭄으로 사막화 현상이 진행되고 있기 때문이죠. 생물종들은 굉장히 빠른 속도로 사라지고 있어요. 유엔생물다양성회의는 하루에 150종의 생물이 사라지고 있다고 경고해요. 지구에는 대략 200만 종에 이르는 생물이 존재하는데 해마다 200~2,000종이 사라지고 있어요. 1970년 이후 야생동물 개체 수는 60퍼센트나 감소했고요. 학자들은 현재 벌어지는 생물 멸종이 자연 상태보다 1만 배나 더 빠르다고 보고 있어요. 기후 위기는 생물 다양성의 위기를 가져오고, 생물 다양성 위기는 당연히 식량 위기로 연결됩니다.

사라지는 꿀벌과 산호를 위하여

꿀벌이 사라지고 있어요. 유엔식량농업기구에 따르면, 전 세계 식량 중 63퍼센트가 꿀벌의 도움으로 열매를 맺는다고 해요. 꿀벌이 사라지면 우리 식탁에서 달콤하고 향긋한 과일도 사라지게 될 거예요. 또 과일을 먹이로 하는 수많은 생물 역시 위기에 처해요. 꿀과 과일만 사라지는 게 아니라 견과류도 사라지고 이것을 먹는 동물들도 사라지게 되죠.

꿀벌이 사라지는 건 세계 곳곳에서 나타나는 현상이에요. 사라지는 데는 여러 이유가 있지만 가장 큰 요인은 기후 변화 때문이에요. 기온이 높아져 꽃이 피는 시기가 달라지니 여기에 적응하지 못한 꿀벌 군집이 붕괴되고 있어요. 일하러 나간 꿀벌이 꿀과 꽃가루를 가지고 돌아와야 하는데 오지 않으니 여왕벌과 애벌레도 굶어 죽어요. 우리나라의 경우 겨울 기온이 0.8도 높았던 2021년과 2022년에 벌통에 응애가 발생해서 양봉업이 큰 피해를 당했어요. 이 일로 거의 77억 마리의 꿀벌이 죽었죠. 응애는 작은 진드기로도 불리는 거미와 비슷한 해충으로, 기온이 높아지면 더 기승을 부려요. 전문가들은 이대로라면 2035년쯤 꿀벌이 멸종할 수도 있다고 경고하고 있어요.

바닷속의 산호도 사라지고, 아니 죽어 가고 있어요. 산호는 다채로운 색을 가지고 바위에 단단하게 붙은 채 한들거리는 꽃과 같은 형태라 식물로 착각하지만, 사실은 움직일 수 있는 근육도 있고 촉수로 다른 생물도 잡아먹는 동물이에요. 산호충이라는 자포동물이 군집을 이룬 형태죠. 색도 사실은 투명한데 조류와 공생하고 있어서 다양한 색을 띠는 거죠. 산호는 바다 식물인 조류에게 서식지를 제공해 주고, 함께 사는 조류는 광합성을 해서 만들어진 양분을 산호에게 제공해요. 이런 관계를 공생 관계라고 하지요.

산호가 바다의 열대 우림으로 불리는 데는 여러 이유가 있어요. 산호가 호흡하며 내보내는 이산화탄소는 조류가 광합성 재료로 사용하고, 산호도 호흡의 결과 나온 이산화탄소와 바다의 탄산염으로 자신의 골격을 형성하죠. 그러니까 산호는 엄청나게 탄소를 흡수해 주는 역할을 해요. 또 함께 사는 조류가 산소를 내뿜으니 동시에 바다의 산소 발생기라고 할 수 있어요. 산호는 조류 말고도 많은 바닷속 동물을 품어 줍니다. 어린 물고기 알이 자랄 수 있도록 공간을 제공하죠. 산호초에서 살고 있는 물고기 종류만 1,500종에 이르러요. 산호는 바닷속 생위) 사라지는 벌을 되살리기 위한 꿀벌 캠페인에 참여한 사람들.
아래) 호주의 '산호 살리기' 캠페인에 참여한 행사 참가자들.

물 다양성을 유지하는 보금자리예요.

산호는 수백 년을 살 만큼 수명이 길지만 환경 조건이 딱 맞아야 해요. 환경에 민감하게 반응해서 바다의 온도, 산성도, 탁한 정도에 영향을 많이 받기 때문이죠. 산호 생장을 위한 최적 온도는 20~28도인데 최근 바다 온도가 30도까지 오르고 오염으로 탁해진 데다 무엇보다 대기에 많아진 이산화탄소를 바다가 흡수하며 산성도가 높아졌어요. 그러면 산호가 아름다운 색을 잃고 하얗게 변하는데 이를 백화 현상이라고 해요. 함께 사는 조류도 떠나면서 공생 관계도 깨져요. 백화 현상이 나타났다고 바로 죽는 건 아니지만 이 상태가 지속되면 곧 죽음에 이르러요.

산호는 1년에 1제곱센티미터밖에 자라지 않아요. 지금의 산호초를 이루는 데 수백 년에 걸친 시간이 필요했어요. 오랜 시간 형성된 아름다운 산호, 생태적으로도 관광 자원으로도 중요한 가치를 지닌 산호는 한번 훼손되면 다시 복원하는 데 수백 년의 시간이 필요해요. 그런데 지금 지구에 들리는 소식은 산호에게 좋은 소식이 아니에요. 세계자연기금WWF은 2050년이면 산호가 모두 사라질 거라고 예견했어요. 현재 세계 산호의 70퍼센트가량이 백화 현상으로 이미 멸종했거나 멸종 위기에 놓여 있어요. 지구 온도 2도가 오르게 되면 산호의 99퍼센트가 사라져요.

우리가 선크림을 바르고 바다에 들어가는 작은 행동도 산호를 병들게 하는 원인 중 하나예요. 옥시벤존, 부틸파라벤, 옥틸메톡시신나메이트, 엔자카멘 같은 자외선 차단제 성분이 산호 세포를 손상해요. 해마다 바다로 유입되는 자외선 차단제는 1만 4,000톤에 달한다고 해요. 그래서 남태평양의 작은 섬나라 팔라우는 2018년부터, 하와이는 2021년부터 해양 스포츠나 해저 관광에 선크림 사용을 규제하고 있어요.

산호초가 죽는 건 바닷속 숲이 사라지는 것과 같습니다. 산소도 부족해지고 동물의 산란 장소와 서식지도 사라져요. 바닷속 생물 다양성이 위태로워지는 거죠. 그리고 이런 현상은 바다의 위기로만 끝나지 않을 거예요. 인류는 코로나19라는 큰 파도에 직면했었어요. 하지만 이보다 더 큰 파도들이 인류 앞에 넘실거리고 있습니다. 기후 위기라는 큰 파도와 뒤따라오는 더욱 큰 파도인 생물 다양성 위기가 그것이죠. 우리는 이를 식량 위기라는 가혹하고도 고통스러운 모습으로 경험하게 될 거예요. 안타까움을 담아 〈꿀벌과 산호를 위한 찬미〉라는 시를 지어 봅니다.

꿀벌 그대,

그대의 부지런한 움직임이 성가셨고

귓가에 왱왱거리던 잔소리를 그때는 피하고만 싶었소.

과일 향기와 다채롭던 꽃이 사라진 무채색 앞에 앉아서야 당신이 생각납니다.

그대의 부지런한 생명의 잔소리가 그리워져 유채꽃 한 다발을 놓고 기다리니

황금색 달콤한 생명력으로 어서 나를 유혹하소서.

산호 그대,

내가 하얀 분장을 하고 하얗게 물보라를 일으키며 첨벙거릴 때,

그대가 하얗게 질려 가며 백기를 들고 있었다는 것을 그때는 몰랐습니다.

그대는 다른 종과 주고받는 삶을 몸소 보이셨는데, 나는 받는 것밖에,

아니, 다른 종에게 빼앗는 것밖에 몰랐습니다.

작고 위대한 그대들이여, 다시 오소서.

작은 천사처럼 부지런한 날갯짓을 하며

꽃의 산파로 부지런히 섬기고

바다의 파수꾼으로 나그네 같은 수많은 다른 종에게

먹을 것과 쉴 곳을 베풀던 그대들이여,

이제는 이 땅에서 안개처럼 사라질 우리가

동시대를 사는 그대들의 하얗게 질린 백색 데모와 죽음의 침묵 앞에

이기심으로 눈을 가리고 구원의 손길을 욕심으로 거두는

어리석음을 범치 않게 하소서.

작고 위대한 그대들이여, 다시 오소서.

4. 네 번째 위기

우리가 바로 공룡이었어!
기후 정의와 식량 정의

공룡 마을의 불공정한 이야기

높은 산에 사는 공룡들이 냇가에 오줌을 싸자 아랫동네 토끼와 다람쥐처럼 작은 동물들이 먹는 시냇물이 오염되었어요. 시냇물은 아래로 흐르니 공룡들은 맑은 물을 마시고 살죠. 산 아래 작은 동물들이 마실 물이 오염되어 산꼭대기로 가 맑은 물을 떠 오려고 하자 공룡들이 말했어요.

"여긴 우리 영토야. 여기 물은 우리 거야. 안 돼. 저리 가!"

몸집이 큰 공룡들이 그렇게 말하니 산 아래 동물들은 내려갈 수밖에 없었어요. 어떤 동물들은 공룡들의 심부름을 해 주면서 산꼭대기 동네

122

에 머물기도 했지만, 대부분은 오염된 물로 병이 나거나 물을 못 마셔 목마름에 허덕이게 되었죠.

　이 불공정한 이야기는 산속 동물들만의 이야기일까요? 1990년부터 전 세계 온실가스 연간 배출량이 60퍼센트 증가했고 누적 배출량은 두 배로 늘어났는데, 바로 여기에 불공정이 존재합니다. 세계 상위 10퍼센트의 부유층이 누적 배출량의 절반(52퍼센트)이나 뿜어냈거든요. 심지어 세계에서 가장 부유한 단 1퍼센트의 사람들은 세계에서 가장 가난한 50퍼센트의 사람 31억 명이 배출한 탄소를 모두 합친 양의 두 배나 되는 온실가스를 마구 뿜어 댔어요.

　지구 온난화로 1961년과 비교해 세계 최빈국 1인당 자산은 17~30퍼센트 감소했고, 1인당 경제 생산량이 가장 높은 국가와 가장 낮은 국가 간의 격차는 기후 변화가 없었을 때보다 약 25퍼센트나 더 커졌다고 해요. 서늘한 기후대의 국가는 풍요롭게 변하고 우리나라를 비롯한 중위도 국가는 거의 영향이 없었던 반면, 인도나 나이지리아 같은 더운 기후대 국가는 경제성장이 지연되었죠.

　기후 위기는 불평등을 더욱 강화해요. 지금도 지구 한편에서는 과다한 칼로리와 불균형한 영양 섭취로 비만과 당뇨에 시달리며 음식물을 쓰레기로 버리는 사람이 19억 명에 달하지만, 다른 한편에서는 8억 명이 굶주림으로 죽어 갑니다. 우리는 언제나 수도꼭지만 틀면 깨끗한 물을 얻을 수 있지만, 우간다 아이들은 1시간 이상 걸어야 겨우 물 한 동이를 얻고, 우리가 커피를 물처럼 마실 때 과테말라 어린이들은 커

기후 정의는 기후 위기를 불러온 이들과 기후 재난으로 피해를 입는 이들이 다르다는 사실에서 출발한다.

피 농장에서 하루에 1만 원도 안 되는 돈을 받고 일하고 있어요.

세상은 본래도 불공평하지만 기후 위기는 이를 더욱 부추기고 있어요. 인류의 생존을 위해 이산화탄소를 배출할 수밖에 없지만, 많은 부분 부유한 계층의 과소비와 부를 집중시키는 일에 사용됩니다. 반면에 기후 변화로 인한 피해는 고스란히 가난한 나라의 극빈층이 가장 먼저 가장 크게 입어요.

2021년 IPCC 6차 보고서가 나온 후 그해 11월에 열린 유엔기후변화협약 당사국 총회에서 지구를 바꿀 변화를 기대했지만, 나라마다 말 그대로 온도 차가 달랐기 때문에 합의를 끌어내기 어려웠어요. 탄소 중립을 위해 석탄 발전소를 한시라도 빨리 폐지하기로 했지만, 인도는 폐지 대신 단계적 감축을 주장했죠. 인도는 여지껏 선진국이 싼값에 석탄 발전을 하고 이산화탄소를 마구 내뿜으며 경제를 발전시켜 놓고, 이제 막 발전하려는 인도 같은 나라에 자신들과 똑같은 기준과 책임을 물어서는 안 된다고 말했습니다. 실제로 인도는 이제야 산업화가 시작되어 가난한 사람들이 조금씩 잘살기 시작하고 있어요. 그런데 에너지의 70퍼센트를 차지하는 석탄 발전을 재생 에너지 발전으로 바꾸면 경제 성장이 주춤할 수도 있으니까 폐지를 반대했던 거예요. 이때 허벅지까지 차오른 바다 가운데에서 수중 연설을 한 나라가 있었어요. 바로 투발루입니다. 하와이와 호주 사이 태평양에 있는 군도 국가인 투발루는 해발고도가 약 2미터밖에 안 되는 데다 그마저 매년 0.5센티미터씩 물이 차오르고 있어요. 전체 인구 1만 2,000명의 생존이 위협받는 상황이죠. 투발루 같은 작은 섬나라는 이제껏 숨 쉬는 것 외에는 지구에 이산화탄소 한 톨 보탠 것이 없는데도 기후 위기로 나라 전체가 존폐 위기에 몰렸어요. 이들은 곧 기후 난민이 될 거예요. 가장 가난한 사람들이 가장 큰 부담을 지고 말았죠. 사하라 남쪽 사헬 지역은 극심한 가뭄으로 물 부족과 식량 위기에 직면하고 있어요. 이들의 위기를 방관하면 이들의 고통이 먼저 본 우리 미래의 모습이 될 수 있어요.

식량 정의

기후 위기는 식량 위기로 이어질 테고 이 가혹한 위기 역시 먹을 것이 부족한 나라부터 시작될 거예요. 기후 위기와 식량 위기 앞에서 우리는 정의를 다시 생각해야 해요. 공정함과 올바름을 말이에요. 식량 정의에는 많은 것들이 포함되어 있어요. 식량의 생산, 가공, 유통, 소비 등 모든 과정의 불평등은 물론, 노동자의 인권, 동물 복지, 생물 다양성과 농업 문제를 다 담고 있죠.

탄소 중립을 잘 이루어서 지구 기온이 1.5~2도 오른 상태로 기후 변화를 막는다고 해도, 지구가 아무 일도 없었던 것처럼 예전으로 돌아가지는 않을 거예요. 지금은 가난한 나라에 식량 위기의 문제가 몰려 있지만, 앞으로 기후 위기가 더 심각해지면 돈이 있어도 식량을 구할 수 없는 사태가 벌어질 수 있어요.

처음의 이야기로 돌아가 볼까요? 공룡이 시냇물에 오줌을 싸지 않았다면 어땠을까요? 아무런 문제가 없었겠죠. 국제 문제 전문가 이언 골딘과 로버트 머가가 쓴 『앞으로 100년』이라는 책 내용을 소개할게요. 이들은 10개도 안 되는 국가가 온실가스 배출량의 80퍼센트를 차지하고, 단 20여 개 기업이 1965년부터 뿜어낸 전체 배출량의 3분의 1을 차지했다는 사실에 주목하자고 해요. 즉, 이들 주요 배출국과 거대 기업이 적극적으로 탄소 중립에 참여한다면 극적인 반전이 생길 수도 있다는 제안이에요. 우리나라 이산화탄소 배출량은 무려 세계 7위입니다. 극적인 반전을 만들어야 할 주인공은 다른 사람들이 아니라 우리예요. 우리가 바로 산꼭대기에서 오줌을 싸는 공룡이었어요!

3부

지구의 허기를 채우는 다섯 번의 식탁 토론

미래 에너지, 미래 기술,
미래 식량이 옥신각신

식량은 기후 위기의 피해자이면서 가해자

식량 문제는 단순하지 않아요. 산업혁명 이후 인간의 막대한 에너지 사용과 탄소 배출로 지구 온도가 올라갔고, 기후 위기와 생물 다양성 위기가 왔어요. 두 위기는 식량 위기를 불러왔고요. 우리 식탁에 위기가 온 거죠.

그런데 기후 위기와 생물 다양성 위기가 식탁에 위기를 가져왔지만, 우리가 식탁을 차리는 일이 기후 위기와 생물 다양성 위기를 불러오기도 해요. 먹거리를 얻는 과정에서 기후 위기와 생물 다양성 위기를 가속화하는 거죠. 2010년 세계 온실가스 배출량을 산업·경제 분야로 분류하면, 농업과 산림 및 토지 이용이 전체의 24퍼센트나 차지해요. 전력이나 열을 생산하는 분야(25퍼센트)와 거의 맞먹는 탄소 배출원이죠. 육지 면적의 3분의 1 이상, 담수 자원의 4분의 3 이상을 작물 또는 축산물 생산에 사용했고, 재생 능력을 초과하는 폐기물로 육지 환경의 75퍼센트, 해양 환경의 66퍼센트에 영향을 끼쳤죠.

뭔가 돌고 도는 느낌이죠? 우리의 식탁은 기후 위기의 피해자이면서 동시에 기후 위기의 가해자인 거예요. 우리가 원인과 결과 모두를 만들었고, 그로 인한 고통도 우리가 감당해야 해요. 마치 부메랑처럼 말이죠. 게다가 부메랑을 던진 사람과 받는 사람이 달라요. 부메랑을 던진 사람은 가진 자, 북반구의 선진국, 현세대이고 부메랑을 돌아서 받는 사람은 가난한 자, 남반구의 후진국, 미래 세대죠. 불공정한 일이에요. 기후 정의와 식량 정의가 필요해요.

다행히 우리는 날아간 부메랑의 방향을 바꿀 기회를 아직 손에 쥐고 있어요. 신중하게 부메랑의 방향과 속도를 변화시켜야 할 때입니다.

미래를 준비하는 힘, 토론하는 능력

부메랑의 방향과 속도를 어떻게 변화시킬 수 있을까요? 문제가 복잡할수록 이를 해결하기 위해서는 토론의 힘이 필요해요. "이거 아니면 저거다!" "찬성 아니면 반대다!" 하고 둘 중 하나를 선택하고 결정해 이야기를 끝내 버리는 토론이 아닌, 서로를 이해하기 위한 토론이 필요해요. 정답을 찾으려는 생각보다는 함께 해결하려는 태도로 다양한 사고를 하면서 섬세하게 문제를 바라보며 토론하면 문제 해결에 유엔이 공식적으로 개최하는 기후변화 협약 당사국 총회(United Nation Framework Convention on Climate Change Conference of Parties, COP)에서는 기후 위기 대응을 위해 매년 수백 개의 토론이 진행된다.

큰 도움이 되죠. 토의, 합의, 숙의에 가까운 토론이 필요해요. 미래 세대가 토론 문화를 형성하는 것만으로도 훌륭한 대안이 될 수 있어요. 탄소 중립을 실천하려면 각 나라의 정책과 제도로 구체화되어 이를 지키는 게 중요한데, 이때 당사자들의 공개 토론보다 더 좋은 수단은 없어요.

다만 토론 전에 먼저 준비해야 할 것이 있어요. 첫째, 사실과 의견을 구별해야 해요. 사실은 잘못되면 수정하고, 의견은 토론을 통해 좁혀 나갈 수 있어요. 하지만 의견이 사실이 되거나, 가짜 정보나 부정확한 정보와 불확실한 가정이 사실과 뒤엉켜 버리면 불신과 비난만 남게 되죠.

논리적 오류를 범하지 않기 위해서는 과학 이론도 객관적인 사실로만 이루어져 있지는 않다는 것을 알아야 해요. 일부의 사실과 의견이 뒤섞여 있을 수 있어요. 과학적 방법론에 따라 이전 것이 사라지고 새로운 과학 이론이 등장했다고 그것이 전부 참이다, 객관적인 사실이라고 말할 수도 없고요. 이것은 우리가 '과학'이라는 이름표가 붙으면 객관성과 사실이 보장되는 것처럼 맹신하는 태도를 버릴 필요가 있다는 뜻이기도 해요. 때로는 이런 과학의 속성을 이용해서 엄연한 사실에 의혹을 만들어 내기도 해요. 사실을 의심하게 만들고 논란을 일으켜 초점을 흐리는 거죠. 주로 이해관계가 얽힌 사실이 발표될 때가 그래요. 그래서 우리에겐 한쪽 입장의 이야기만 듣지 않으려는 습관이 필요해요.

둘째, 미래를 바라보는 방향이 일치해야 해요. '탄소 중립이 목표인지, 경제성장이 목표인지' '어떻게 하면 잘할 것인지, 어떻게 하면 빨리할 것인지'에 따라 합의의 과정이 달라지기 때문이에요. 미래를 바라보는 목표가 다른 사람끼리 만나면 합의가 아니라 증오만 남게 될 거예요. 겉으로는 탄소 중립이 목표라고 해서 같은 자리에 모여도 숨은이익이 서로 충돌하면 더 나은 미래를 함께 구상하기는 어려워지죠. 그래서 어쩌면 어떤 이해관계가 없는 여러분이 더 멋진 합의에 빠르게 이를 수 있어요.

목표와 방향이 다르고 사실과 의견을 구분하는 능력이 약해지면 소통이 어려워지고, 소통이 사라지면 계층 간, 지역 간, 세대 간 장벽이 쌓여요. 그래서 복잡한 문제 앞에 각자의 목소리만 낼 것이 아니라 토론 능력을 길러서 분열과 증오를 넘어 문제 해결을 위한 더 좋은 대안을 마련하는 연습이 필요해요.

인류는 지금껏 빠른 변화와 성장을 목표로 가속 페달을 쉼 없이 밟아 왔어요. 이제는 잠시 멈추고 위기를 극복하기 위한 여정을 선택해야 해요. 지금까지와는 다른 방법으로 천천히 페달을 밟아 나가며 우리 앞에 놓인 복잡하고 중대한 문제를 잘 해결할 수 있도록 토론을 시작해 봅시다. 다음 장부터 등장할 '옥신이'와 '각신이'는 여러 사람의 입장을 대변하는 역할을 할 거예요. 옥신각신하는 둘의 대화 속에서 더 좋은 방법을 찾을 수 있도록 토론에 함께 참여해 주세요.

1. 첫 번째 토론

바이오 에너지는
지속 가능한 에너지가 될 수 있을까?

#바이오 에너지의 원료 #가축 분뇨 처리 시설 #에너지 자립마을

들어가며

　식량 위기는 에너지 위기와도 밀접하게 연결되어 있어요. 식량을 생산, 유통, 판매, 소비하는 모든 과정에 에너지가 쓰이니까요. 게다가 식자재로 만드는 에너지까지 있습니다. 바로 바이오 에너지죠. 재생 에너지 중에서 바이오 에너지는 팜나무, 고구마, 밀, 보리, 사탕수수, 옥수수 등의 식자재와 해조류, 광합성 세균, 음식물 쓰레기, 밀과 벼 같은 농업 부산물 그리고 인간과 가축의 분뇨 등 생물에서 유래하는 원료로부터 얻는 에너지를 말합니다. 바이오 에너지의 원료를 바이오매스^{biomass}라고 해요. 바이오매스를 산소가 없는 환경에 두면 발효하는 데 이때 발생하는 메탄가스로 전력을 생산합니다. 바이오 에너지는 크게 바이오 알코올, 바이오 가스, 바이오 디젤로 분류할 수 있어요. 바이오 에탄올(알코올 종류)은 휘발유를, 바이오 가스는 천연가스를, 바이오 디젤은 경유를 각각 일부 혹은 전부 대체할 수 있는 자원이죠. 하지만 바이오 에너지가 가진 문제점도 있어요. 바이오 에너지는 지구를 살리는 재생 에너지이자 지속 가능한 에너지가 될 수 있을까요? 옥신각신 이야기를 들어 보며 장점과 문제점을 넘어서 고려할 부분을 함께 생각해 봐요.

옥신각신 토론

옥신 바이오 에너지는 좋은 점이 많은 에너지야. 팜나무나 가축 분뇨 등 다양한 바이오 원료를 사용하니까 자원 고갈의 위험이 적어. 석유나 석탄처럼 매장된 것을 원료로 사용하지 않고, 나무는 계속 자라고 가축의 분뇨는 계속 나오니까 에너지원이 지속적으로 공급될 수 있어. 또 발전 과정 중에 온실가스가 나온다고 해도 옥수수나 팜나무 같은 경우는 식물이라서 광합성을 통해 재배하는 동안 이산화탄소를 흡수해주니까 탄소 중립을 이룬다고 볼 수 있지. 저장이나 운송도 간편하고, 수급량도 햇빛이 비칠 때만 바람이 불 때만 전력이 생산되는 다른 재생 에너지와 다르게 필요할 때 필요한 만큼 조절이 가능해.

각신 과연 그럴까? 옥수수나 팜유는 먹기도 하잖아. 옥수수가 주 식인 나라도 많고 팜유는 과자나 라면, 안 쓰이는 곳이 없어. 식량 생산만으로도 지구는 이미 땅이 부족해. 한정된 땅에 연료로 사용 될 옥수수와 팜나무까지 심어야 할까?

 옥신 바이오 에너지 연료는 앞으로 계속 개발할 분야라고 생각해. 지금은 옥수수, 팜유, 유채, 콩 등에서 짜낸 기름, 옥수수 껍질이나 톱밥처럼 사람이 먹을 수 없는 부분을 재처리해 만든 것들이 대 부분인 건 사실이야. 이 과정에서 식량에 활용될 원료가 사용된 건 맞지. 하지 만 앞으로 녹조나 적조 현상을 일으키는 조류를 사용할 수도 있고 가축 분뇨 나 음식물 쓰레기를 이용할 수도 있어.

각신 바이오 연료로 사용되는 조류는 유전자 편집을 통해서 에너 지 생산을 극대화하도록 새로운 품종으로 개발한다고 해. 또 별도 공장에서 생산하도록 시스템을 갖춰야 하고. 지금 연구 개발 중인 것이 현재 문제에 대한 대안은 아니라고 생각해. 나중에 유전자 편집 미세조 류가 생태계에 어떤 영향을 미칠지는 또 그때 가서 같이 논해 보며 문제점을 막아야겠지. 지금은 현재 시행 중인 바이오 연료에 관해서 먼저 논해야 할 거 같아.

우리나라 주유소의 디젤 연료에 바이오 디젤도 섞여 있고, 남미 자동차의 일부는 사탕수수를 발효한 바이오 알코올이 사용되고 있어. 이런 원료들이 지 금은 식량으로 사용될 수 있는 바이오매스를 사용하고 있지. 무엇보다 대부분 의 바이오 연료가 팜유에서 나오는데 우리나라는 75퍼센트를 수입하고 있어. 이 많은 팜유는 인도네시아 등 열대 우림을 파괴하고 조성한 경작지에서 가져온다고 해. 열대 우림은 그냥 두면 그 자체로 탄소를 흡수할 수 있는 곳이야. 열대 우림을 훼손하고 팜나무를 심어서 바이오 연료를 얻고 탄소 중립을 실현했다고 할 수 있을까? 열대 우림을 훼손하면서 오랑우탄 서식지가 파괴되는 여러 문제를 제외하고라도 말이야.

목신 인도네시아 해당 자료를 봤는데 바이오 디젤은 2020년 한 해 동안 이산화탄소 2,248만 톤에 해당하는 온실가스 배출량 저감, 2021년에도 이산화탄소 2,540만 톤 상당의 추가 배출량 감축 효과를 냈다고 해. 2020년을 기준으로 인도네시아는 바이오 디젤을 활용해서 화석연료 사용으로 발생하는 온실가스를 22퍼센트가량 줄이는 성과를 거두었다고 하는데?

각신 내가 조사한 것에 따르면 바이오 에너지가 연소 과정에서 배출하는 이산화탄소는 원료인 식물이 성장하면서 대기 중에서 흡수한 것을 다시 내놓는 것이란 점에서 배출량으로 잡지 않는다고 해. 배출량으로 잡지 않으니 줄어든 통계가 나온 거 아닐까? 그리고 그만큼에 해당하는 팜나무를 베어 낸 거나 다름없잖아. 대규모 팜나무 농장을 조성하기 위해서 탄소 저장 능력이 일반 산림보다 18~28배 높은 열대의 이탄지를 훼손했으니까 '탄소 중립' 에너지로 볼 수 없어.

목신 이탄지를 훼손했으니까 '탄소 중립 에너지가 아니다.'라는 거지? 단순하게 탄소 배출만 따졌는데 연소 과정에서 배출량은 계산하지 않았고 생산 과정에서 훼손된 것도 계산하지 않았으니까 통계가 모든 것을 말해 주는 것은 아니겠구나. 팜나무가 광합성을 통해서 탄소를 흡수했다고 해도 원래 있던 열대 우림을 훼손하고 거기에 팜나무를 심었다면 문제가 다르지.

각신 맞아. 이탄지는 식물 잔해가 물이 고인 상태에서 잘 분해되
지 못하고 수천 년에 걸쳐 퇴적돼 만들어진 토지인데 일반 토양보
다 탄소를 10배 이상 저장할 수 있대. 기후 변화를 억제하는 데
큰 역할을 해. 이것이 1~1.8미터 쌓인 게 이탄층인데 열대 우림에 많아. 그런
것을 훼손하고 팜나무 농장을 만들고 그것으로 바이오 연료를 만들면 지구를
위한 에너지라고 할 수 없지. 그냥 무늬만 재생 에너지잖아.

옥신 자료를 찾아보니 이런 이야기도 있어. 기후솔루션 김수진 선
임연구원은 "팜유를 원료로 하는 바이오 디젤이 액체 화석연료의
온실가스 배출량보다 약 2.5배 높다는 연구 결과가 나와 있고, 팜
유 생산으로 최소 193개 멸종 위기종이 영향을 받고 있다는 세계자연보전연
맹IUCN의 보고도 있다."라고 말했어. 바이오 디젤이 생물 다양성에도 영향을
미치니까 재생 에너지라고 무조건 친환경적이라고 할 수는 없어.

그럼, 어떻게 하면 지구를 살리는 에너지가 될 수 있을까? 2050년 바이오
에너지 사용은 100엑사줄(EJ, 최대 에너지 단위)을 넘어 총 에너지 수요의 거의
20퍼센트를 충족할 거라고 해. 우리나라도 2019년 기준 바이오 에너지가 차
지하는 비중이 전체 재생 에너지 생산량의 27퍼센트를 차지하고 있어. 앞으로
는 2030년까지 총 에너지 생산량의 20퍼센트를 재생 에너지로 대체하겠다는
목표를 세웠기 때문에 점점 늘어날 텐데 준비가 필요할 거 같아. 미국은 알코
올을 활용한 바이오 에너지 공급량이 이미 원자력과 비슷한 수준에 도달해 있
고, 차량 연료에 일정 비율로 바이오 에너지를 포함하도록 법제화되어 있다고
하는데, 미국은 우리가 우려하는 것들이 문제가 안 될까?

각신 미국의 경우는 자체적으로 바이오 연료 수급이 되니까 우리랑 경우는 다르겠지. 일단 땅이 넓잖아. 그런데 미국도 바이오 연료를 원료별로 4개 범주로 구분해서 화석연료 대비 온실가스 감축 기준을 충족시키는 경우에만 재생 에너지로 인정하고 있어. 우리도 재생 에너지 인정에 기준이 필요하지 않을까?

 목신 우리나라도 보급을 늘리기 전에 지금의 문제점을 최소화할 수 있는 정책 변화가 있어야 할 거 같아. 일본도 바이오 에너지 지속 가능성 가이드 라인을 도입하기로 했다고 하거든.

각신 여기 우리가 참고해 볼 자료가 있어. 이미 2018년 유럽연합은 팜유 생산에 따른 인도네시아 등의 산림 훼손을 줄이기 위해 2030년까지 팜유 수입을 금지하기로 했대. 또 2026년까지 숲에서 생산되는 바이오 원료로 에너지를 생산하는 부문에 대한 정부 지원을 철폐하기로 했어.

 목신 우리나라도 바이오 연료에 대한 품질 기준만 있는데, 앞으로 재생 에너지에 대한 인정 기준이 필요할 거 같아. 바이오 에너지에 관해서 기후, 환경, 사회적 영향을 고려한 기준, 재생 에너지 생산의 모든 과정에서 온실가스 최대 배출량 등을 객관적으로 살펴보고 인정해야 할지 말아야 할지 기준을 마련해야 할 거 같아.

각신 하나 더 추가한다면 에너지 원료 생산 과정에서 환경 파괴와 인권 침해가 발생하는지도 검토해서 재생 에너지 사업 지원 등 을 해야 할 거야. 팜유 농장에서 지역 주민이나 노동자 인권 침해 문제도 논란이 되고 있거든.

바이오 에너지는 지속 가능한 에너지가 될까?

	옥신	각신
바이오 에너지의 장점과 문제점	• 바이오 에너지는 자원 고갈 위험이 적다. • 나무와 가축 분뇨는 계속 생산된다. 저장 및 운송이 편리하다.	• 대부분 바이오 에너지 원료인 옥수수나 팜유는 식량으로 사용 가능한 것이다. • 식량 생산에 필요한 땅도 부족하다.
바이오 에너지는 친환경적인가?	• 바이오 에너지는 탄소 중립이 가능하다. • 식물은 광합성을 하기 때문에 발전 과정에서 나오는 온실가스가 상쇄된다.	• 바이오매스를 얻기 위해 열대 우림과 이탄지를 파괴하므로 탄소 중립과 거리가 멀다. • 환경을 파괴하고 있다.
바이오 에너지 개발에 앞서서 할 일	• 바이오매스는 미세조류, 가축 분뇨, 음식물 쓰레기 등 무궁무진하므로 개발하면 된다.	• 바이오 에너지를 활성화하기 전에 바이오 에너지가 지속 가능한 에너지가 되도록 하는 기준안이 필요하다.
바이오 에너지를 재생 에너지로 인정하는 기준안 만들기	• 재생 에너지 전 과정에 온실가스 최대 배출량을 고려해야 한다. • 바이오매스 생산 과정에서 생물 다양성 훼손, 환경 파괴나 인권 침해 문제도 고려해야 한다.	
확장 질문①	• 에너지 사용을 줄이기 위해 어떤 노력이 필요할까?	
확장 질문②	• 발전소를 어디에 세워야 할까? • 도시와 마을 단위의 에너지 자립, 탄소 배출 제로를 확대하자.	

바이오 에너지가 지속 가능한 에너지가 되려면

옥신각신의 토론을 바탕으로 우리가 바이오 에너지를 재생 에너지로 인정하는 기준안을 만들어 보면 어떨까요? 아래처럼 말이에요.

1. 바이오 에너지 원료가 생산되는 과정에서의 탄소 배출도 고려한다.

2. 팜유 수입을 금지하고 숲을 훼손한 바이오 연료는 사용하지 않는다.

3.

4.

덧붙이자면, 바이오 연료를 대규모로 개발하고 이용하기 위해서는 식량 생산과 바이오 연료 생산 중 무엇을 더 중요하게 생각할지, 그 과정에서 한정된 토지를 어떻게 이용할지 먼저 생각해 보세요. 그러려면 질문이 더 필요합니다.

"바이오 에너지를 얻기 위해 탄소 흡수원을 더 훼손하는 것은 아닐까?" "바이오 연료를 재배한다면 어디에 재배할까?" "재배했을 때 주변 환경에는 어떤 영향을 미칠까?" 여기에 연료 생산 과정 외에도 유통하고 가공 처리하는 과정에서 에너지가 얼마나 드는지 살펴보고 그 총량도 따져 보아야 할 거예요. 이런 방식으로 정말 지속 가능한 재생 에너지로서 의미가 있는지를 검토하는 기준안을 만들어 보세요. 그 과정에서 바이오 에너지가 지속 가능한 미래 에너지로 정착할 수 있을지 스스로 의견이 정리될 거예요.

똥 발전소를 어디에 지을까?

바이오 에너지와 관련된 또 다른 문제를 만나 볼까요? 바로 '똥오줌'을 둘러싼 갈등입니다. 우리나라에서 발생하는 가축의 똥오줌인 가축 분뇨는 연간 5,500만 톤에 이르러요. 똥이나 분뇨 덩어리는 발효해서 퇴비(고체 가루 비료)로 만들고, 오줌이나 똥물 등 축사의 물이 섞인 액체는 액체 비료인 액비로 만듭니다. 비료를 만들지 않는 경우 분뇨를 정화해서 방류하지요.

그런데 똥오줌은 트림(장내 발효)보다 더 많은 온실가스를 방출해요. 가축 똥오줌이 발효될 때 발생하는 메탄은 이산화탄소의 21배나 온실효과가 강력합니다. 메탄은 지난 1,000년 동안 산업혁명 이전까지 700피피비(ppb, 대기 오염 물질 농도 등 미량의 농도를 나타낼 때 사용하는 단위) 수준으로 유지되다가 현재 1,900피피비에 근접해요. 과학자들은 2030년까지 메탄 배출을 30퍼센트 줄이면 지구 평균기온은 0.3도 낮출 것이라고 계산했어요. 그러니 가축의 똥오줌으로 바이오 가스를 생산한다면 탄소 중립도 실천하고 에너지도 만드니 일석이조라고 할 수 있죠.

네덜란드나 덴마크에서 도입한 바이오 리파이너리(바이오매스를 활용해 화학 물질을 얻는 기술) 방식을 사용하면 수입에만 의존하던 요소수를 자체 생산할 수도 있어요. 요소수는 농업용, 산업용으로 많이 쓰이는 경유 차량의 배기가스를 물과 질소로 바꿔 주는 중요한 역할을 하죠. 자칫하면 2021년 중국의 통제로 발생한 요소수 품귀 현상을 또

위) 바이오 연료를 만들기 위해 쌓아 놓은 악취 나는 소똥 더미.
아래) 폐기물과 똥오줌을 처리하는 바이오 가스 공장을 위에서 내려다본 모습.
처리 과정에서 소음과 악취가 발생할 수밖에 없다.

겪을 수 있어요. 우리나라에서 1년간 발생하는 가축 분뇨에 있는 질소는 100만 톤이고 이를 요소로 환산하면 200만 톤에 달해요. 1년에 우리나라가 필요한 요소는 요소수에서 8만 톤, 비료에서 45만 톤 정도예요. 가축 분뇨의 4분의 1만 바이오 리파이너리 방식으로 처리해도 충분해요.

또한 바이오 리파이너리 방식은 가축 분뇨에서 탄소는 메탄으로, 질소는 암모니아로 회수해 에너지와 비료를 생산할 수 있고 폐수에서 인과 칼륨도 회수해 자원화할 수 있어요. 인산 비료의 원료가 되는 인광석은 대부분 아프리카에 있는데 매장량이 얼마 안 남았기에 이를 대비한다면 좋겠죠.

하지만 액비를 뿌리면 냄새가 심해 사람들이 꺼리고 민원을 제기해요. 액비를 만드는 공장, 더 나아가 이를 에너지로 만드는 바이오 에너지 공장, 바이오 리파이너리 방식으로 필요한 자원을 얻는 공장을 짓는 걸 반대하는 거죠. 그렇다면 어디에 지어야 할까요? 이런 공장을 여러분이 사는 마을에 짓는다면 동의할 수 있을까요? 실제로 냄새가 나지 않는다고 해도 똥 공장이 지어진다는 자체만으로 지역 주민들의 동의를 얻어 내기는 쉽지 않을 거예요.

에너지 자립마을을 꿈꾸며

우리나라는 인구의 거의 절반이 수도권에 살아요. 이제껏 수도권의 뒷마당 역할은 지방 도시가 해 왔어요. 지방에 각종 발전소를 지어서 수도권으로 전력을 전송하고 수도권의 쓰레기는 지방으로 가져가서 태웠죠. 수도권이 쾌적한 생활을 누리는 동안 지방은 오염과 불편과 악취와 질병의 위험을 떠안아야 했어요. 빨래를 널 수 없을 정도의 화력발전소 탄가루, 쓰레기를 태우는 소각장의 미세먼지, 원자력 발전소의 핵폐기물, 송전탑의 소음과 전자파……. 친환경 에너지인 재생에너지도 마찬가지예요. 태양광 발전소만 해도 경관을 해치고 농사를 지을 땅을 축소하니까요. 도시에서 필요한 에너지는 도시의 옥상 등을 이용해 해결할 수 있을까요? 가축 분뇨를 이용한 바이오 발전소도 기피 대상이 될 텐데 우리는 어디에 발전소를 지어야 할까요?

　이것이 바로 에너지 자립마을에 대해서 생각해 봐야 하는 이유입니다. 풍력, 태양광, 바이오 가스 등 다양한 에너지로 자기 마을의 전력 수요를 자체적으로 충당하는 마을을 에너지 자립마을이라고 해요. 해외 사례뿐 아니라 우리나라에도 여러 마을이 운영되고 있어요. 충남 홍성의 원천마을은 가축 분뇨 하루 110톤을 처리하며 시간당 430킬로와트의 전기를 생산하고 있죠. 분뇨에서 발생한 메탄가스로 에너지를 만들고, 발효 처리해 냄새를 없앤 잔여물은 퇴비로 활용하고 있어요. 지붕 위 태양광 발전 시설과 단열 설비로 주택의 에너지 자립을 실천했고, 이 지역의 조롱박축제에서는 일회용품을 사용하지 않아요. 이와 같은 마을 단위의 노력과 지원이 온 나라로 확대될 수 있으려면 어떻게 해야 할지 생각해 봅시다.

2. 두 번째 토론

식물성 고기, 배양육, 식용 곤충이 고기를 대신할 수 있을까?

#식물성 고기 #배양육 #식용 곤충

들어가며

먹거리 중에 탄소를 제일 많이 배출하는 것이 동물성 식품이에요. 식품 전체 탄소 배출량의 거의 절반을 차지하죠. 동물성 식품에서 배출되는 탄소만 줄여도 지구 온난화를 완화시킬 수 있을 텐데요. 인류가 얼마나 고기를 좋아하는지는 앞에서 이야기를 나눴어요. 현재 80억 인구가 2050년에는 100억이 되고 그렇게 세계 인류는 매년 0.6퍼센트씩 증가할 텐데, 육류 소비량은 매년 1.3퍼센트씩 증가하고 있어 2050년에는 455만 톤에 이를 거예요. 이 많은 사람이 먹을 엄청난 고기를 구하기 위해서 가축을 키울 땅과 가축을 먹일 사료를 재배할 땅을 위해 숲을 더 훼손하고, 땅이 모자라면 동물 복지는 내던지고 밀집 사육을 더 늘리겠죠.

이 고민을 한꺼번에 해결하는 방법은 없을까요? 해결책으로 식물성 고기, 배양육, 식용 곤충이 대체육으로 떠오르고 있어요. 식물성 고기는 식물에서 단백질을 추출해서 분해한 후 결합제, 지방, 고기의 풍미를 살리는 여러 첨가제를 넣고 육류와 비슷한 영양소를 추가해 혼합물을 만듭니다. 이 혼합물을 반죽해 최종 제품으로 모양을 만들어 내요.

배양육은 가축을 마취하고 소량의 세포를 채취해 줄기세포를 추출합니다. 추출한 줄기세포를 배양액이 든 반응기에 넣고 수천 개 근육 조직으로 분화하도록 해요. 초기에는 다진 고기만 만들다가 최근에는 세포가 붙어서 자랄 수 있는 고기 구조체에 세포를 키워 소의 근육과 지방 조직까지 구현해 입체적인 스테이크용 고깃덩어리를 만드는 데도 성공했어요.

식용 곤충에는 2021년 농촌진흥청이 인증한 고소애('고소한 애벌레'라는 뜻), 아메리카 왕거저리, 쌍별이, 꽃뱅이, 장수애, 벼메뚜기, 백장감, 식용누에, 수벌 번데기, 풀무치 10종이 있습니다. 곤충은 가축보다 적은 공간에 위생적으로 사육, 관리할 수 있고 사료가 많이 들지 않아요. 그리고 번식 속도도 빨라 효율적인 단백질 공급원이 될 수 있어요. 이처럼 고기를 대체한 미래 식량이 인간의 육식에 대한 필요와 욕망을 해결하면서 탄소 배출도 줄이고 동물 복지에도 도움이 되는 새로운 아이콘으로 떠오를 수 있을지 토론을 시작해 볼까요?

옥신 식물성 고기에 관해 먼저 이야기해 보자. 넌 우리나라 햄버거 프랜차이즈 매장에 들어온 식물성 버거 먹어 봤니? 콩이나 밀 단백질을 이용한 패티나 치킨이 판매되고 있더라고. 식물성 버거지만 열량도 꽤 높아.

각신 식물성 고기 중에 콩고기를 먹어 본 적은 있어. 콩 말고도 해조류나 미생물에서 추출한 단백질로도 만든다고 하는데 그건 아직 먹어 보지 못했고. 내가 먹어 본 콩고기는 씹는 맛이나 향이 진짜 고기 같지는 않더라고. 하지만 이런 생각이 들었어. 콩을 콩으로 먹는 것이 좋지, 꼭 그렇게 고기처럼 만들어 먹어야 할까?

옥신 꼭 고기를 먹지 않아도 된다면 그냥 두부나 콩을 그대로 섭취하는 것이 좋겠지만, 고기는 먹고 싶은데 여러 가지 문제들, 이를테면 탄소 발생을 줄이거나 동물 복지를 생각해서 채식하는 사람들이 있잖아. 고기는 아니라도 고기 같은 거라도 먹고 싶을 때 필요하지 않을까? 미국 대체육 업체 임파서블푸드에 따르면, 식물성 고기 100퍼센트로 만든 임파서블 버거가 비슷한 소고기 패티보다 96퍼센트 적은 땅에 87퍼센트 적은 물만 필요로 하면서도 온실가스는 87퍼센트 적게 배출한대.

각신 식물성 고기가 탄소를 줄일까? 영국 광고심의위원회에서는 생산과 유통의 전반적인 영향을 고려하면 식물성 고기가 환경에 더 좋다는 근거가 없다고 테스코의 대체육 광고를 금지했어. 기존 육류보다 어떤 점에서 친환경인지 증거가 없고 원료 재배나 가공 과정에서 정말 그런지 생각해 봐야 한다고. 오히려 여러 성분을 조합하고 복잡한 생산 공정을 거쳐서 기존 육류 제품과 유사하거나 더 부정적인 환경영향을 미칠 수도 있다고 해. 사람의 건강 측면에서도 생각해 볼 부분이 있어. 콩고기는 수많은 방부제와 첨가제가 들어간 가공식품이라고 보는 게 맞을 거 같아. 임파서블 버거는 주성분이 유전자 조작 콩과 유전자 조작 성분들이 들어가 있고, 대부분 콩고기가 유전자 조작 콩을 사용하고 있어.

목신 내가 조사한 비욘드미트의 제품은 완두콩과 쌀 단백질을 사용하고 유전자 조작 재료를 사용하지는 않아. 유전자 조작이 건강에 나쁜지 증명된 바는 없지만, 그런 논란을 떠나서 대량생산된 유전자 조작 원료를 사용하면 가격이 저렴해져서 시장 경쟁에서 유리해지긴 할 거 같아.

각신 2021년 임파서블푸드가 시민 단체에 의해 소송이 걸렸어. 진짜 고기 같아서 인기가 있었는데 그 고기 맛을 내는 성분이 콩에 있는 레그헤모글로빈의 헴heme 때문이래. 색소 성분인데, 피를 흘리는 것 같은 효과를 주는 거지. 문제는 그 헴을 콩의 뿌리에 있는 뿌리혹에서 추출하는데, 콩 뿌리가 GM미생물에서 만들어져 안전하다는 증거가 없다는 거야. 미국식품의약국FDA은 안전성 검사도 없이 임파서블 버거를 승인해 줬다고 소송에 걸린 거고.

식물성 고기가 동물성 고기를 대체할 수는 없다는 생각이 들어. 새로 시판된 제품들이 여러 이유로 팔리기는 하지만 고기를 먹고 싶은 사람은 계속 고기를 먹을 거 같아. 식물성 고기를 구매하고도 분쇄육 소비는 감소하지 않고 있고, 대부분 식물성 고기를 구매한 사람이 동물성 고기도 함께 구매했다는 연구 결과가 있어.

목신 하지만 인류가 농사를 지어도 소 14억 마리, 돼지 10억 마리, 닭 200억 마리 등 가축을 먹이기 위해 들어가는 사료가 대부분이야. 우리가 먹을 작물 생산은 37퍼센트밖에 안 되는데 육식을 줄이고 육식 대신 식물성 단백질로 대신한다면 동물을 먹이는 사료가 인류에게 돌아갈 수 있어. 그렇게 바꾸면 지금 인류가 76억 명인데, 70억 명을 더 먹일 수 있다고. 이 말은 지금보다 인구가 더 늘어나도 식량 생산은 문제가 없다는 거야.

각신 그걸 꼭 식물성 고기가 해결할 필요는 없잖아. 현재도 식량은 전 세계를 먹이고도 남는데 식량의 편중으로 15억 인구의 비만과 8억 인구의 기아가 공존하고 있어. 분배와 유통으로, 또 육식 자체를 줄이는 식습관으로도 문제를 해결할 수 있다고 생각해.

목신 물론 그렇지. 그것도 하나의 방법이고 기술도 하나의 방법이 되어야 하지 않을까? 이런 논의를 통해서 기술이 가진 문제점을 시사하고 개선을 요구해 가면서 말이야. 배양육은 어때? 식물성 고기 외에도 실험실에서 만든 배양육도 고기를 대신할 수 있어. 다진 고기만 만들다가 최근에는 스테이크용 고기까지 만들었다고 해. 근육과 지방까지 고깃덩어리를 그대로 재현했고, 식물성 고기보다 진짜 동물성 세포에서 배양한 거니까 고기 맛도 같고. 공장식 축산이나 도축 없이 소나 돼지, 닭 등 가축에서 추출한 줄기세포로 실험실에서 6주간 영양액과 전기 자극을 사용해 근육세포로 키우니까 동물 복지 면에서는 공장식 축산보다 낫지 않을까?

각신 글쎄. 배양육 생산을 위해서는 세포배양 배지가 필요한데 말이나 소의 태아 혈청이 필요하대. 혈청은 쉽게 말해 피에서 영양이 풍부한 물만 추출한 거야. 태아 혈청을 얻으려면 임신한 소를 도살하거나 유산시켜야 하니 도축되는 가축이 늘어나. 더군다나 임신한 소를 도축하다니 비윤리적이야.

옥신 그건 기술 개발을 통해서 극복할 수 있어. 2018년까지는 임신한 소를 도살하거나 유산시켜서 소 태아 혈청을 얻어 배지로 사용했지만, 2019년에 무혈청 배양액이 도입되었어. 2021년에는 우리나라 셀미트 회사가 무혈청 배지에서 독도새우를 키워 그다음 해에는 독도새우 요리 시식회도 열었지. 같은 해에 씨위드라는 우리나라 회사에서 배양세포를 해조류 조직에 키우는 것에 성공하기도 했고.

각신 그런데 가격이 비싸지 않아? 무균 시설을 이용해야 하니 지을 때 비용도 많이 들 거고, 위생 관리를 위한 여러 시설과 약품 처리가 필요하겠지. 실험실이니 소량생산될 테고. 배양액으로 주로 소 태아 혈청을 쓰는데, 혈청은 비싸고 식용 허가도 나지 않았어. 무혈청 배지를 만들었다 해도 소 태아 혈청에 포함된 영양만큼을 인위적으로 첨가한다면 비용이 많이 들 거야. 결국 경제성 측면에서 문제에 봉착할 거 같은데, 이것이 육식을 대체할 지속 가능하면서도 보편적인 산업이 될까?

옥신 처음에는 아주 비쌌지. 한 접시에 수십 억 했으니까. 그때는 초기 연구 단계고 지금은 계속 연구하며 경제성을 높이고 있어. 현재 100그램당 가격이 돼지고기보다 돼지고기 배양육이 2배 정도 비싸고 닭고기는 3배 비싸. 그런데 한국에서 단가를 축산 소고기와 똑같이 맞췄어. 이런 추세면 미래에는 가격을 더 낮출 수 있지 않을까?

각신 우리나라는 소고기가 비싸잖아. 우리나라 기준으로 소고기 100그램당 값이 같아졌다고 앞으로 가격이 떨어질 거라고 예단할 수는 없어. 축산을 대량생산하는 나라들에 비하면 세계 시장에서 배양육 경제성은 떨어지는 게 사실이야. 안전성도 문제가 되고. 세포 노화를 억제하기 위해 유전자를 변형하거나, 엑스레이로 돌연변이를 유도하기도 해. 또 세포 오염을 막기 위해 항생제를 계속 투입하고 있고 성장을 촉진하기 위해 각종 호르몬과 성장인자 같은 첨가제가 들어가는데 인체에 어떤 유해성이 있는지 검증이 안 되었어.

옥신 2022년 11월 미국식품의약국에서도 배양육의 안전성을 공식 인정했어. 미국 배양육 개발 업체 업사이드푸드가 미국식품의약국에 허가 신청 후 인간이 섭취해도 좋다는 심사 결과를 받아 냈다고 해. 가축 사육에도 항생제나 합성 호르몬 등 인체에 유해한 성분이 쓰이고 있어. 거기에 가축의 고기는 살모넬라균, 대장균 같은 세균에 노출될 수도 있잖아. 하지만 배양육은 실험실에서 배양했으니 각종 바이러스나 균에 노출될 일도 없이 깨끗한 고기라고 할 수 있지. 그래서 '클린 미트'라고 부르기도 해.

배양육은 건강에 유익하도록 만들 수도 있어. 생산 과정에서 인체에 해로운 포화지방산 대신 인체에 유익한 오메가-3로 대체할 수도 있고. 안 좋은 것은 빼고 좋은 물질을 첨가할 수 있으니 인체에 더 유익하지 않을까? 뭐니 뭐니 해도 배양육의 장점은 사육 고기에 비하면 온실가스를 96퍼센트 절감하고, 토지는 1퍼센트만 사용하고 에너지를 45퍼센트나 줄였다는 거야. 미래 식량으로 계속 개발할 가치가 있어.

각신 미래 식량으로 연구 개발하는 것은 좋아. 하지만 상용화하기 위해서는 문제점을 정확히 알고 개선해 나가야 해. 배양육이 탄소를 절감했다고 볼 수 없는 것은 실험실의 위생적인 환경이나 유통과 배송 과정에서 들어가는 에너지를 생각하지 않고 배양과 사육만 비교했기 때문이야.

세포 배양에 높은 수준의 위생 체계를 유지하기 위해서는 에너지 소모가 커지고 그 과정에서 이산화탄소가 발생해. 가축에서 나오는 메탄을 줄였다고 하지만 이산화탄소 배출량은 더 많아진 셈이야. 메탄은 이산화탄소의 21배 온실 효과가 높지만 대기에서 12년간만 남아 있어. 반면 이산화탄소는 대기에서 약 1,000년간 남아 있으니 기후 변화에 이로운 효과가 있다고 말하기는 어려워.

배양액을 구성하는 포도당, 아미노산, 비타민, 소금 미네랄 등의 성분을 얻고 정제하는 데 들어가는 에너지와 실험실의 생산 시설을 가동하는 전력 등을 다 종합한다면, 배양육 생산 전 과정에 필요한 에너지를 산출했을 때 킬로그램당 배출되는 온실가스는 같은 양의 일반 소고기보다 4~25배 이상이라고 해. 이 문제를 해결하지 못하고 대량생산하게 되면 탄소 배출은 더 늘어날 거야.

옥신 그런데 식물성 고기는 성장이 그대로일 수 있지만, 배양육은 2040년쯤 되면 지금의 전통 축산 고기와 비슷한 비율로 급성장하게 될 거라고 해. 2040년에는 축산 고기를 먹는 사람 반, 대체육을 먹는 사람이 반이 될 거고, 전체 육류 소비는 지금보다 인구 증가로 더 늘게 될 거야. 2020년 11월 미국 배양육 개발 업체 잇저스트는 싱가포르에서 안전성과 품질을 수십 차례 인증받았어. 지금은 굿미트 브랜드로 배양육 치킨 제품을 레스토랑에 공급하고 있지. 세계 최초로 배양육 닭고기의 생산과 판매가 허가된 사례야. 이제부터 시작이야. 우리도 세계 시장 점유를 위해서 개발에 박차를 가해야 할 때라고.

각신 글쎄. 보고서대로 된다면 그건 어느 시점에 이르러 생산자 나 소비자의 선택권이 사라졌기 때문일 거야. 기후 위기, 식량 위 기, 인구 증가로 전통 축산만으론 단백질 공급에 한계가 와서 어 쩔 수 없이 선택하는 거지. 어쩔 수 없이 먹게 되는 거라고.

옥신 그렇다면 식용 곤충은 어때? 세상에 곤충을 먹는 나라도 꽤 많더라고. 태국은 메뚜기, 귀뚜라미를 튀긴 음식을 판매하고 호주 는 원주민들이 큰나방애벌레를 구워 식용으로 사용한대. 가나는 우기에 흰개미를 먹고 남아프리카공화국은 오트밀이나 옥수수밀에 메뚜기를 섞어 먹어. 멕시코는 곤충의 번데기를 식용으로 먹는다고 해. 곤충을 잘만 활 용하면 이보다 좋은 단백질 공급원은 없는 것 같아. 지금 고소애는 암 환자식 으로도 많이 이용되고 있어. 곤충 쿠키도 먹어 봤는데 맛있더라고. 완전히 갈 려져 다른 반죽과 함께 쿠키로 구운 거니 말하지 않으면 잘 모르겠던데. 학교 에서 곤충 요리 대회를 한 적 있어. 곤충 견과류 바, 고소애 볶음밥 등등. 시식 해 보니 다 괜찮더라고. 넌 어때?

각신 으악-. 난 곤충은 질색이야. 생긴 것도 혐오스럽고.

옥신 우리나라도 불과 20~30년 전에는 농촌에선 간식 거리로 메뚜기와 귀뚜라미를 튀겨 먹곤 했다고 해. 지 금 식용으로 먹는 나라도 있는데 혐오는 인식의 차이 아닐까? 자 세히 보면 새우도 징그럽거든. 새우볶음밥을 먹으면 고소애 볶음밥도 먹을 수 있는 거 아닐까?

19세기 초만 해도 랍스터는 미국 동부 해안가에 지천으로 널려 있었고 너무 흔해서 인디언들은 비료로 사용했다고 해. 그리고 가난한 집 아이들이나 하인들, 죄수들의 단골 메뉴였지. 19세기 초반에는 미국 매사추세츠주의 한 농장에서 파업 종료 조건으로 1주일에 3번 이상 랍스터를 식탁에 올리지 말라는 내용이 있었을 정도니까. 노동을 시키며 단백질 공급원으로 랍스터를 계속 주니 화가 난 거야. 그러다가 19세기 후반, 유럽인이 미국에 들어오며 랍스터를 오븐에 굽거나 튀기기 시작하고 프랑스 요리사들이 고급 레스토랑에 랍스터를 주메뉴로 요리하면서 지금까지도 랍스터는 고급 요리의 대명사가 되었어. 관점이나 인식은 바뀔 수 있어. 그리고 요리법도 중요한 거 같고. 곤충도 어떻게 요리해서 내놓느냐에 따라 달라질 거야.

각신 아니, 아니야. 새우볶음밥과 애벌레 볶음밥은 다르다고. 그렇지만 혐오의 문제만 해결된다면 영양 면에서 우수한 거 같아. 100그램당 단백질 함량이 소 20.8, 돼지 15.8, 달걀 13일 때, 거저리 유충이 50.3, 벼메뚜기 70.4 귀뚜라미 25.4로 동물성 식품보다 단백질 함량이 월등해. 나는 혐오스럽다고 생각하지만, 세계 곤충 시장 규모는 2007년 11조 원에서 2020년 38조 원으로 성장했어. 요즘 국내 식용 곤충 산업도 빠르게 성장하고 있고. 인식이 변하고 있는 거 같아. 기업들도 투자를 많이 하면서 특수 의료용이나 간식이 아닌 식사 대용으로 상품화시키고 있어. 조사해 보니 고소애는 갈색거저리 애벌레인데 대표적 밀웜mealworm이면서 심혈관 질환에 예방 효과가 있는 불포화 지방산이 많대. 쌍별이는 쌍별귀뚜라미의 애칭인데 간 보호나 알코올 해독 능력이 뛰어나다고 해. 또 흰점박이꽃무지 애벌레를 '꽃벵이'라고 하는데 혈전 치유와 혈행 개선 효과에 뛰어난 물질이 있어서 거래량이 제일 많아.

옥신 사료 효율도 좋고 친환경적이지. 1킬로그램의 소고기를 얻기 위해서는 10킬로그램의 사료가 필요하지만, 곤충은 1.7킬로그램의 사료면 되거든. 유엔식량농업기구는 곤충을 '작은 가축'이라고 지칭하기도 했어. 일반 가축의 메탄가스, 물 사용량, 막대한 분뇨 처리, 사육장을 위한 농지와 숲 파괴, 사료 생산을 위한 열대 우림 파괴를 생각하면 곤충 사육에 들어가는 건 비교가 안 되지.

체중 1킬로그램당 이산화탄소 배출량(그램)이 돼지 80, 소 2,800, 거저리 유충 8, 메뚜기 18, 귀뚜라미 1에 해당하거든. 이 정도면 기후 위기 시대에 탄소 배출 면에서 최적화된 식품이라고 할 수 있지. 그뿐 아니라 사육도 쉬워. 가축을 아무리 품종 개량하고 사료를 특수화해도 닭은 판매까지 30일이 필요하고, 돼지는 114일의 임신 기간이 끝나고 생후 6개월은 기다려야 판매할 수 있어. 소는 임신 기간 270~290일을 기다려서 25개월이 지나야 판매가 되는데 곤충은 성장 속도가 빠르잖아. 소는 한 번에 1~2마리만 낳지만, 곤충은 알에서 대량으로 번식되거든. 또 가축은 사육 공간이 많이 필요한데 곤충은 적은 공간만 필요로 해서 심지어 집 안에서도 사육할 수 있어.

각신 동물에 들어가는 항생제와 살충제 문제, 인수 공통 감염 문제도 해결할 수 있지. 동물 학대 문제도 해결할 수 있어.

옥신 ㅋㅋㅋ. 그럼, 너 이제 곤충 먹겠다는 거네?

각신 아, 아니! 그건 아니고 그냥 좋다고. 그럼 넌 먹을 거야? 어쩌다 호기심으로 곤충 쿠키 시식 그런 거 말고 소고기 요리랑 곤충 요리 있으면 뭐 먹을래? 솔직히!

옥신 그야 뭐. 음, 나도 소고기지. (멋쩍게 웃는다.)

각신 〈설국열차〉 본 적 있어? 지구 온난화를 지구공학적으로 해결하려다가 어떤 물질을 대기 중에 잘못 쏘아서 오히려 빙하기가 된 재난 상황을 배경으로 한 영화야. 거기서 유일하게 멈추지 않고 달리는 기차가 있어. 그게 설국열차인데 1등칸 사람들과 1등칸 사람들을 위해 서비스하는 2등칸 사람들, 그리고 표를 구하지 못해서 살기 위해 무임 승차한 3등칸 사람들로 나뉘지. 3등칸에 무료로 탄 사람들에게 배급되는 것이 곤충 영양바야. 3등칸 사람들은 다 갈려서 뭔지 몰랐는데, 알고 보니 바퀴벌레를 갈아 넣은 바였지. 그리고 1등칸 사람들을 위해서는 도축된 고기가 보관된 정육실도 기차에 있었어.

옥신 그게 뭐? 영화랑 무슨 상관이야.

각신 식용 곤충 다 좋은데, 특수 목적으로 먹는 것을 제외하고 앞으로 정말 식량이 부족해지고 단백질 공급이 필요할 때, 랍스터의 초창기 이미지라면 곤충을 먹는 사람들이 가난한 사람들이 될 것 같아서.

옥신 식물성 고기는 채식하려는 사람들의 고기에 대한 만족도를 채워 주기 위해서, 대체육은 클린 미트라는 이미지로, 곤충은 특수 영양식으로 또 하나의 시장을 형성하겠지. 그것이 불평등과 상관 있다고 할 수 없잖아. 지금까지 논한 대체육이 전통적인 고기를 완전히 대신할 수는 없을 거야.

각신 두 가지가 공존하면서 점점 필요에 의해 비율을 많이 차지하겠지. 그럼 누가 전통 축산 고기를 먹을 수 있을까 하는 거야.

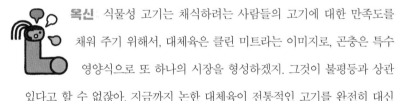

소 한 마리에서 방귀와 트림으로 배출되는 메탄가스는 매일 160~320리터야. 2009년부터 축산 농가에 방귀세를 부과하고 있는 에스토니아에 이어 아일랜드, 덴마크도 관련 법안을 도입했고, 뉴질랜드가 2025년 합류할 예정이라고 해. 뉴질랜드는 소 1,000만 마리, 양 2,600만 마리를 보유한 세계 최대의 낙농국가거든. 그래서 그런지 온실가스가 1900년대와 비교해 60퍼센트가 늘었고 그 절반이 농업 분야에서 배출되고 있어. 방귀세 이야기가 남 이야기가 아니야. 앞으로 방귀세처럼 가축용 고기는 환경 부하로 인해서 탄소세가 매겨질 수도 있어. 사룟값도 오를 것이고 땅도 한정되어 있으니 토지 이용료도 높게 매겨지면서 자연스레 가격 상승이 일어날 거야. 그럼 돈 있는 사람들만 먹는 음식이 될 수 있어. 소고기는 지금도 비싸. 식용 곤충 시장은 결국 돈 없는 사람들의 수요를 충족시키며 확장될 수도 있어. 단백질은 공급받아야 하니까.

 옥신 지금 건조 고소애 같은 것은 비싸던데. 건조시켜서 그런지는 모르겠지만. 어쨌든 불평등은 존재해 왔잖아. 돈이 없으면 돈이 없는 대로 그것에 맞게 사서 먹으면 되지.

각신 그런 문제가 극단적으로 나타난 것이 영화 〈설국열차〉의 1등칸, 2등칸, 3등칸으로 분류된 모양새잖아. 불평등이 왜 당연한 거라고 생각해? 돈이 없는 사람들만 먹었다는 랍스터, 그 당시 사람들이 랍스터를 먹을 때 느끼는 모멸감이 있었을 거야. 음식에 대한 개인적 편견이 아니라, 누가 무엇을 먹는가는 중요한 사회적 척도가 되잖아. 그런 걸 느끼지 않게 하고 영양 면에서 기본적인 것을 해결해 주는 것도 사회가 해야 할 중요한 역할이라고 생각해. 우리나라가 고등학교까지 무상급식인 것처럼.

목신 흠, 듣고 보니 그렇구나. 식량 문제 이면에 있는 사회적 불평등 해소가 먼저 정리되어야 하겠네. 먹는 것으로 차별하면 안 될 거 같아. 불평등을 없앨 수 없다면 기본 먹거리에 대한 지원이 필요하고 여러 가지 대책 마련이 필요할 거 같아. 지금으로서는 정말 곤충이 주요 단백질 공급원이 되는 날이 오지 않기를 바랄 뿐이야.

식물성 고기

	목신	각신
식물성 고기의 장단점	• 식물성 고기는 기후 위기나 동물 복지를 생각하는 사람들이 고기와 비슷한 고기를 먹는 데 필요하다.	• 식물성 고기는 맛이 고기보다 못하다.
환경 영향 면	• 식물성 고기는 적은 땅에 적은 물을 사용하며 온실가스를 적게 배출한다.	• 식물성 고기의 생산과 유통 전반을 생각한다면 친환경이라는 증거도 없고 복잡한 생성 공정으로 환경에 더 부정적일 수도 있다.
인체 건강 면	• 모든 회사가 유전자 조작(GM) 재료를 사용하는 것도 아니고 그것이 인체에 유해하다는 증거는 없다.	• 여러 방부제와 첨가물이 들어간 초가공 식품이다. • GM 재료를 사용하기도 한다. • 한 업체는 콩의 뿌리혹에 있는 레그헤모글로빈 성분이 인체에 유해한지 검증이 없어 소송이 붙었다.
식물성 고기의 필요성과 중요도	• 앞으로 인구는 더 늘어나고 키우는 가축은 많아져야 하고 더 많은 사료가 필요해질 것이다. • 동물을 먹이는 데 필요한 작물이 인간에게 돌아가면 지금보다 2배의 인구를 먹일 수 있다.	• 식물성 고기를 구매한 사람이 동물성 고기도 구매하는 등 선호가 겹치기 때문에 식물성 고기는 또 하나의 기호 식품이 될 뿐이지, 그것이 완벽히 육식을 대체할 수 없다.
나아가야 할 방향	• 또 하나의 방법, 또 하나의 기호 식품으로라도 자리를 잡으면 육식에 대한 많은 수요를 대체할 수 있다. • 불완전한 기술은 논의를 통해 수정해 나갈 수 있다.	• 육식을 줄일 방법은 기술 외에도 많다. • 식생활 개선을 통해 필요를 줄일 수도 있고 기존에 있는 식량을 나누는 분배와 유통을 개선시킬 수도 있다.

배양육

	옥신	각신
동물 복지	•가축을 도축하지 않아 동물 복지 면에서 우수하다. •무혈청 배지에서 키울 수 있게 기술 개발이 되었다.	•처음에는 임신한 소를 도축하거나 유산시켰고, 무혈청 배지 기술이 없다면 일반적인 방법으로 동물의 혈청을 필요로 한다.
경제성	•처음에는 비쌌지만 지금은 많이 낮췄다.	•가격 면에서 경제적이지 않다.
안정성	•기존 축산도 항생제나 호르몬제를 쓰는 것은 마찬가지다. •실험실 환경이라서 위생적이라고 할 수 있다. •건강에 유익한 영양소를 첨가할 수도 있다.	•안전성 검증이 안 되었다. •배양 과정에서 유전자 변형이나 돌연변이를 일으키고 있다. •세포 배양을 위해 항생제나 각종 성장촉진 인자들이 많이 사용된다.
환경영향	•사육 고기에 비해 온실가스를 96퍼센트 절감했다. •토지는 1퍼센트만 사용하고 에너지를 45퍼센트나 줄였기에 친환경적이다.	•배양액을 구성하는 포도당, 아미노산, 비타민, 소금 미네랄 등의 성분을 얻고 정제하는 데 에너지가 많이 필요하다. •실험실의 생산 시설을 가동하는 전력 등 배양육 생산 전 과정에 필요한 에너지를 산출하면 킬로그램당 배출되는 온실가스는 같은 양의 일반 쇠고기보다 4~25배 이상이다.

식용 곤충

	옥신	각신
혐오의 개인차	•혐오는 인식의 차이고 편견이다. •19세기 초에는 랍스터가 혐오 음식이었지만 19세기 말부터 고급 요리의 재료가 되었다.	•곤충은 혐오스럽다.
영양, 환경 면의 장점	•영양과 건강 면에서 우수하다. •탄소 배출이 적어 환경 면에서 우수하고 번식 속도와 대량생산이 가능하다. •공장식 축산이 가진 단점을 해결할 수 있다.	
식량 정의	•식량 공급의 불평등을 해소할 수 있어야 한다. •기본 먹거리를 제공하기 위한 다양한 지원이나 제도 마련이 필요하다.	

토론을 따라가며 식물성 고기, 배양육, 식용 곤충 등 대체육의 여러 측면을 잘 살펴보았나요? 이제 그 내용을 다시 떠올리면서 어떻게 하면 긍정적인 면을 최대화하고 부정적인 면을 최소화할 수 있을지 '대체육 개발에 대한 지침서'를 작성해 보면 어떨까요? 아래처럼 말이에요.

1. 식물성 고기를 만들 때는 인체 유해성 검증을 먼저 한다.

2. 배양육 전 과정에 탄소 배출을 고려하고, 가격 경쟁을 낮추기 위한 노력이 필요하다.

3.

4.

더 생각해 보기

식량 정의

만약 인류가 식물성 고기나 배양육, 곤충을 먹게 된다면, 진짜 소고기는 어쩌면 부자만의 전유물이 될 수도 있어요. 우리 사회의 불평등 문제, 빈부격차 문제가 해결되지 않는 한 식량 정의는 기술 발전만으로는 극복할 수 없을지도 몰라요. 식량 정의가 이루어지려면 과학기술보다 먼저 고민하고 해결해야 할 것들이 무엇인지 생각해 봅시다. 식물성 고기나 배양육, 곤충 외에 다른 대안도 함께 살펴보아요.

위) 이스라엘 스타트업 리디파인미트의 식물성 고기 3D 바이오 프린팅

아래) 미국 기업 바이오라이프는 4D 바이오 프린팅으로 실제와 더욱 가까운 고기를 만들어
  내고 있다.

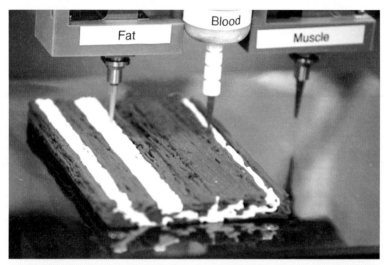

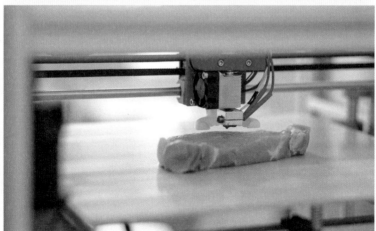

3D 바이오 프린트

3D 바이오 프린트는 잉크 대신 다짐육 같은 고기를 투입하는 바이오 프린트를 이용해 실제 입체 모양의 고기로 만드는 기술이에요. 하지만 현재 기술로는 복잡한 실제 육류의 치밀한 구조를 구현하기에는 부족함이 있어요. 이런 고기는 앞으로 배양육이나 식물성 고기와 합쳐진 제품으로 출시될 가능성이 커요. 2019년 이스라엘 기업 알레프팜스는 국제우주정거장에서 3D 바이오 프린터로 작은 크기의 근육 조직을 배양하는 데 성공했어요. 지구에서 가져온 소의 세포를 잉크로 사용해 고기와 비슷한 조직을 만든 거죠. 맛이나 색, 질감, 향은 아직 부족하지만 우주에서 소고기를 조직했다는 의미는 커요. 단, 지구에서 가져온 소의 세포가 필요했지만요. 이 기술이 어떤 점에서 의미가 있고 어떤 점에서 개선이 필요한지 이야기를 나눠 보세요.

유전자 가위로 편집한 채소를 마음껏 먹어도 될까?

#센트럴 도그마 #크리스퍼 가위 #유전자 조작 식품
#유전자 편집 식품 #유전자 오염

들어가며

식량 위기를 생명공학 기술로 어디까지 돌파할 수 있을까요? 예를 들어 가뭄에도 견딜 수 있는 씨앗을 만드는 것 말입니다. 유전자를 합성하거나 혹은 수분이 부족할 때 스트레스 상태로 변하는 유전자 편집 기술을 사용해서요. 이 주제를 토론하기 전에 유전자 편집 기술은 무엇인지 그리고 그전에 유전자가 무엇인지, 유전자가 어떻게 단백질을 발현하는지부터 살펴볼게요.

센트럴 도그마

모든 생명체는 유전 정보를 이용해 자신의 몸을 구성하는 물질인 단백질을 스스로 만들어 내요. 이 원리를 센트럴 도그마central dogma라고 해요. 생명 현상을 이해하는 기본이 되는 중심 원리죠. 이 과정을 비유를 통해 알아봅시다.

유전자란 정보예요. 옥수수의 유전자라면 옥수수를 만드는 조립 설명서가 담긴 정보라고 할 수 있어요. 이 정보를 자손에게 물려주어 또 옥수수가 탄생하는 거죠. 이 중요한 정보는 옥수수를 이루는 모든 세포 속에 있는 핵 안에 보관되어 있어요. 세포를 도시로 표현하고 핵을 도서관으로, 유전 정보를 책으로 비유해 볼게요. 자손에게 유전 정보를 물려줄 때는 먼저 도서관 안에 있는 책 전체를 전부 복제해서 2배씩 만들어요. 또 도시를 여러 개 만들고 싶을 때도 복제를 하죠. 도시는 세포이고, 세포를 여러 개 만든다는 것은 세포 수를 증가시키는 세포 분열을 의미해요.

이번에는 유전 정보가 어떻게 생명체가 되는지 알아보죠. 도서관에 옥수수의 각 부위를 만드는 설명서가 적힌 수많은 책이 꽂혀 있어요. 그중에서 옥수수수염을 만들기 위해서 『수염 만드는 설명서』라는 책을 찾았어요. 그렇지만 그 책을 도서관에서 그대로 가지고 나올 수는 없어요. 복사만 가능해요. 복사한 설명서를 도시 안 조립 공장에 가지고 갑니다. 조립 공장은 복사본의 설명서대로 조립해서 옥수수수염을 완성해요.

조금 더 자세히 이야기해 볼게요. 수염 만드는 설명서를 열어 보면 마치 암호처럼 A, T, C, G라는 4가지 종류 문자만 가득 채워져 있어요. 무슨 말인지 알 수 없어 복사한 설명서를 가지고 도서관을 나와 이 알 수 없는 문자 조합을 해독할 수 있는 해독 전문가에게 가지고 가요. 해독 전문가는 문자들을 3개씩 끊어 읽으면 하나의 부품을 지정한다는 것을 알아내요. 그리고 조립 공장으로 부품을 실어 날라요. 부품은 조립 공장에서 연결되어 완성품이 돼요. 이렇게 수염 만드는 설명서로 옥수수수염을 만드는 물질이 완성된 것이죠. 이 단순한 설명서가 입체적인 생체 구조물이 된다니 놀랍지 않나요? 모든 생명체에 있는 유전 정보는 이렇게 입체적인 고유의 단백질을 합성해 냅니다.

자, 비유로 사용한 개념의 생물학적 용어를 소개하겠습니다.

- 도시 = 세포, 도서관 = 핵, 책 = DNA 유전 정보, 복사 = 전사, 조립 공장 = 리보솜.
- 복사한 설명서 = mRNA(messenger RNA, 메신저 RNA), 해독 전문가 = tRNA(transfer RNA, 트랜스퍼 RNA)
- A, T, C, G 문자(DNA를 이루는 염기 4종류, 순서대로 A 아데닌, T 티민, C 시토신, G 구아닌), 문자(염기)들을 3개씩 끊어 읽는 단위 = 코돈codon, 해독 = 번역, 부품 = 아미노산, 완성품 = 단백질.

센트럴 도그마를 다시 생물학적 용어로 연결해서 정리해 볼게요.

'DNA는 세포 속 핵 안에 있습니다. 이것을 전사한 mRNA는 DNA에서 필요한 유전 정보의 일부입니다. mRNA가 핵 밖으로 나옵니다. 세포 안에는 리보솜이 있고 mRNA를 가진 리보솜으로 tRNA가 옵니다. 그냥 오지 않고 mRNA의 코돈을 번역하여 코돈이 지정하는 아미노산을 가져옵니다. 그러면 리보솜에서 아미노산끼리 연결되어 단백질로 합성이 이루어집니다.'

아직 어렵다면 비유를 한번 더 떠올려 봅시다.

'책은 도시 안의 도서관에 빽빽이 꽂혀 있습니다. 이것을 복사한 설명서는 수많은 책에서 필요한 책의 일부만 복사한 것입니다. 복사한 설명서는 도서관 밖으로 갖고 나올 수 있습니다. 도시 안에는 조립 공장이 있고 복사한 설명서를 보고 조립 공장은 해독 전문가를 부릅니다. 해독 전문가는 그냥 오지 않고 복사한 설명서의 4가지 종류 문자가 나열된 것을 3개씩 끊어 읽는 방법으로 암호를 해독하여 거기에 딱 맞는 부품을 가지고 옵니다. 그러면 조립 공장에서 부품끼리 연결되어 입체적인 완성품이 만들어집니다.'

육종의 역사와 크리스퍼 가위 기술

이 센트럴 도그마라 불리는 생명의 중심 원리는 1958년 프랜시스 크릭이 처음 제안했고, 이후 조금씩 수정과 보완을 거치게 됩니다. 1960년대에 과학자들이 방사선을 사용해 식물 유전자에 무작위 돌연변이를 일으키기 시작했고, 1970년대에 DNA 조각을 세균과 식물, 동물 몸속에 집어넣어 유전자에 어떤 변화가 일어나는지 연구하기 시작했어요. 1987년 세균의 유전체에서 크리스퍼 염기서열이 처음 발견되었고, 과학자들은 2012년 크리스퍼-카스9으로 빠르고 정확하게 DNA를 편집하는 방법을 찾아내게 됩니다. 이후 2016년 유전자 편집 작물이 승인을 받기에 이릅니다. 금기의 도서관 문이 열리기 시작한 것은 얼마 되지 않아요. 기술은 놀라운 속도로 발전하고 있습니다.

인류가 농사를 짓고 가축을 기르기 시작하면서 더 많은 식량을 얻기 위한 노력도 시작되었습니다. 인류는 1만 년 전부터 병충해에 잘 견디고 더 많은 열매가 달리는 곡식, 더 많은 새끼를 낳는 염소 등을 얻기 위해 선택된 종자를 교배해 좋은 품종을 탄생시키려는 시도를 해 왔어요. 이것이 과학적인 방법으로 인정받기 시작한 것은 멘델의 유전 법칙(1865년)이 밝혀진 후입니다. 밀과 호밀의 잡종인 라이밀wheat rye 이 최초 탄생(1873년)한 것을 시작으로 1930년대부터 우수한 개량 품종, 즉 잡종이 대세를 이루며 수천 년간 이어온 재래종 씨앗을 대체하기에 이릅니다. 이 방법을 육종이라고 해요. 전통적 육종을 포함한 다양한 기술, 유전자 조작이나 유전자 편집 기술로 신품종을 얻는 것을 우리나라는 신육종이라 표현해요. 본격적 육종 기술 시작은 약 100년이 되었고 신기술인 유전자 조작 기술은 약 30년, 크리스퍼 가위를 사용한 유전자 편집 기술은 약 10년 정도밖에 안 되었어요. 그중 유전자 편집을 가능하게 한 크리스퍼 가위 기술을 알아보죠.

2020년 노벨화학상을 받은 크리스퍼 유전자 가위는 3세대 유전자 가위로, 그전의 1세대, 2세대에 비해 간편하고 효율적이라는 장점이 있습니다. 또한 기존의 유전자 변형은 시간이 오래 걸리고 요행을 바래야 했지만, 이 기술로 이전보다 빠르고 정확하게 유전자를 변형할 수 있게 되었어요.

크리스퍼 가위는 2007년 유산균 면역 체계에서 찾아냈어요. 유산균은 세균의 일종으로, 세균은 바이러스에 비해 50~100배 정도 크고 바이러스가 다른 생물체에 들어가 사는 데 비해 스스로 생활하는 생명체죠. 균은 자신을 침입했던 바이러스와 같은 것이 다시 침입하면 효과적으로 처리하기 위해서 그것을 기억해 둡니다. 마치 범인의 지문을 스캔해 저장하듯, 자신의 유전자 속에 '바이러스 유전자'를 새겨 두는 방식으로 범인의 리스트를 만들어 둬요. 세균에게 있어 바이러스는 자신의 집에 있는 물건으로 먹고살고 심지어 자손까지 만들어 내는 고약한 도둑이거든요. 세균은 바이러스 유전자를 자신의 유전자와 구별하기 위해 삽입된 바이러스 유전자 양쪽에 회문 구조의 염기 서열로 표시해 둡니다. 회문 구조란 기러기, 토마토처럼 똑바로 읽어도 거꾸로 읽어도 똑같은 구조를 말해요. 이렇게 반복되는 회문 구조 사이에 규칙적으로 삽입된 독특한 유전자 뭉치가 있습니다. 바로 도둑의 프로필, 바이러스 유전자죠. 이 전체 구조를 '크리스퍼CRISPR'라고 해요. 그 옆에는 카스Cas 유전자가 자리 잡고 있어요. 바이러스가 침입하면 카스 유전자에서 카스 단백질이 조립됩니다.

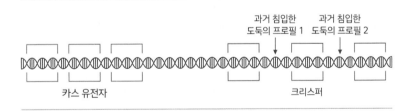

이때 카스 단백질을 정찰 탱크라고 할게요. 이 탱크에는 과거 침입했던 도둑에 대한 정보가 탑재되어 있어, 이 정보로 새로 들어온 침입자를 탐문합니다. 도둑의 DNA 조각은 크리스퍼 구조에 저장되어 있고, 여기에는 도둑의 프로필 복사본만 탱크에 싣고 다니죠.(복사본은 가이드 RNA, g-RNA라고 해요.) 마치 현상 수배범이 그려진 전단지를 들고 다니듯 말이에요. 그러다가 과거 도둑의 DNA 조각과 침입자의 DNA 조각을 대조해서 딱 일치한다면 탱크에 탑재된 특수 유전자 가위로 새로운 침입자를 싹둑 잘라 버리죠. "다시는 너 같은 도둑에게 아무것도 내줄 수 없어!" 이렇게 말하고 싶지 않을까요? 이 정찰 탱크의 강력한 힘은 현상 수배범을 추적하는 정확도에 있습니다. 새로 본 DNA가 도둑이 아닐 수도 있는데 용의자라고 아무나 잡아 DNA를 싹둑 잘라 버리는 불찰을 수행하지 않는, 꽤 꼼꼼한 정찰 탱크죠.

사람들은 세균에 있는 이 멋진 정찰 탱크를 이용하기로 했어요. 앞에서 DNA를 도서관의 책으로 비유했던 것을 다시 떠올려 봅시다. 책에서 찾고 싶은 단어나 문자의 조합을 정찰 탱크에 심고 명령하는 거죠. 즉, 'DNA를 이루는 A, T, C, G로 이루어진 염기 서열인 이러저러한 유전자를 찾아내라!' 이렇게요. 이것은 마치 한글, 워드, 엑셀 등 컴퓨터 사무용 프로그램의 '찾기' 기능과 비슷해요. 검색란에 찾는 단어를 입력하면 문서에서 그 단어가 있는 곳을 전부 정확하게 찾아 보여주고, 이 단어를 다른 것으로 바꾸거나 삭제하기도 합니다. 탱크도 그런 역할을 해요. 목표로 하는 DNA 염기 서열을 찾아주고 또 바로 삭제도 해주죠.

만약 편집하고 싶은 유전자가 근육 성장 억제 유전자라면 그 부분을 찾아 크리스퍼 기술로 잘라 냅니다. 근육 성장이 억제되지 않으니 울퉁불퉁한 슈퍼 근육을 가진 생물체가 탄생하겠네요. 또, 채소를 오래 두면 갈색으로 변화시키는 유전자를 찾아 잘라 내면 오래 두어도 외관상 멀쩡한 채소를 만들 수도 있습니다. 이 기술은 실제로 성공했답니다. 더 나아가 사람에게 에이즈를 일으키는 HIV 바이러스에 취약한 유전자를 편집해 에이즈에 면역을 가진 유전체 편집 아기(2018년)를 만들기도 했어요. "아이쿠, 사람까지!"라는 생각이 들죠? 이를 시도한 중국의 과학자 허젠쿠이는 금지된 인간 배아 유전자 편집을 불법적으로 시도하고 생명 윤리를 어겨서 이로 인해 3년간 감옥살이를 했죠.

유전자 변형(GM)과 유전자 편집(GE)

유전자 변형은 필요한 유전자를 다른 종에서 채취하거나 인공적으로 만들어서 넣어요. 그러면 유전체 속 임의의 장소에 유전체 변화가 일어나요. 이렇게 변형된 생물은 이전 생물과는 달라지죠. 이러한 유전자 변형 생물을 'GMO, Genetically Modified Organism'라고 해요. GMO를 지칭하는 다른 용어로 유전자 재조합, 유전자 조작, 유전자 변형 등이 있어요. 유전자 조작은 유전자 변형이라는 용어보다 부정적으로 들리죠? 근래에는 유전자 변형이라는 용어로 통합되고 있어요. 이 책에서도 유전자 변형 혹은 GM이라고 표기하겠습니다. GMO는 여러 규제와 심의를 받고 있고 시민들 인식도 좋지 않아요. GMO를 하나 예로 들면, 1990년대 미국에서 유전자 변형 작물인 플레이버 세이버 토마토Flavr Savr tomato가 판매된 적이 있습니다. 여기에는 토마토가 무르는 것을 늦추는 외래 유전자가 들어 있었죠.

반면 유전자 편집은 '편집'이라는 단어가 '변형'이라는 단어보다 긍정적으로 들려요. 영상 편집 등에서 불필요한 부분을 삭제하는 것을 편집한다고 말하듯, 나쁘지 않은 의미로 쓰이는 말이기 때문이죠. 지칭하는 용어에는 유전자 가위, 유전자 편집, 유전자 교정이라는 용어가 혼용되어 사용되고 있어요. 유전자 편집보다는 유전자 교정이 훨씬 긍정적으로 들리죠. 유전자 가위는 도구를 말하고 있고요. 따라서 이 책에서는 유전자 편집(Gene Editing) 혹은 GE라고 표기하겠습니다.

GE를 하나 예로 들면 버섯이 오래되면 갈색이 되는데 갈색 유발 유전자를 편집하면 오래 두어도 갈색으로 변하지 않는 버섯이 되고, 이 버섯이 바로 유전자 편집 작물이에요. 2016년 유전자 편집 갈변 방지 양송이버섯에 대해 미국 농무부에서는 GMO와 같은 규제를 받을 필요가 없다고 밝혔어요. 본래 유전자에서 일부를 삭제했기 때문이죠. 미국에서는 유전자 편집 식품에서 유전자를 삭제한 것까지는 사전 심의를 면제해요. 호주와 일본도요. 유럽에서는 아직 GM과 같은 수준으로 규제합니다. GE도 GM과 마찬가지로 유전자 삽입과 삭제가 가능하지만, 크리스퍼 기술은 최신 유전자 가위 기술 덕분에 삽입과 삭제가 보다 쉽고 정확해졌죠.

예를 들어 가뭄에 잘 견디는 옥수수를 만들려고 할 때, '유전자 변형'은 미생물에서 가뭄에 잘 견디는 유전자를 분리한 다음 재조합 유전자를 만들어 옥수수 세포에 넣어요. 이때 재조합 유전자가 옥수수 유전체의 특정 부위가 아닌 임의의 장소에 무작위로 삽입될 수 있어요. 유전체는 유전자가 여러 개 있는 DNA로 염색체라고 하는데, 이 과정에서 외부 DNA가 옥수수 유전자에 추가될 위험도 있고요. 그런데 '유전자 편집'은 이론적으로 옥수수 유전자의 어떤 곳이든 정확하게 목표를 잡을 수 있고 외부 유전자를 옥수수 유전자에 남기지 않을 수 있어요. 과장하여 표현하면 옥수수수염을 빨갛게 바꾸고 싶은 경우 유전자 조작은 옥수수수염뿐 아니라 알갱이 여기저기가 빨갛게 변할 수도 있다면, 유전자 편집은 정확하게 옥수수수염만 빨갛게 바꿀 수 있게 되었다는 뜻입니다.

옥신각신 토론

옥신 크리스퍼 기술, 진짜 획기적이네! GMO 개발 비용에 품종 1개당 1,500억 원이 들고, 품종 육성에 최소 8~10년, 위해성 평가도 받아야 하는데 평가 기간도 3년 걸린대. 설사 위해성 평가 허가를 받아도 사회적으로 안정성 인정을 받기는 어려우니, 사회적 합의를 거쳐 상업화까지 되는 데 또 몇 년이 걸릴 테고. 이러니 우리나라는 인프라도 부족하고 GM 작물 개발은 넘지 못할 산이었지. 그런데 배아 줄기세포로 형질 전환 쥐를 만드는 데 2년이 걸렸다면, 크리스퍼 기술로 이것이 몇 달 만에 가능해졌다니 얼마나 시간이 단축된 거야? 와! 유전자 편집은 유전자 변형이 아니니까 위해성 평가 안 받아도 되고, 준비 과정도 어렵지 않아서 비용도 저렴해졌어. 이제 우리나라도 이 분야에 투자할 일만 남았네.

각신 크리스퍼 기술은 날카로운 칼과도 같아. 칼날이 날카로우면 쓰기 좋지. 그런데 누구 손에 들려서 어떻게 사용되느냐에 따라서 달라질 수도 있어. 요리사 손에 주어지면 멋진 요리가 뚝딱 만들어지겠지. 빠르고 손쉽게. 그러나 미숙한 3살 아이 손에 들어가면 날카로운 칼은 더 위험해지잖아. 유전자 조작 식품도 30년 밖에 안 되었어. 유전자 조작 식품도 인체 안전성 검증을 하기에 부족한 시간인데 고작 10년 지난 유전자 편집 기술이라고 안전할까? 나는 어쩐지 말장난 같아. 조작이나 편집이나 금기시된 신의 영역에 도전한 거 아닐까? 핵 속에 있는 DNA까지 건드리고.

크리스퍼 기술로 조작이 간편해졌으니 너도나도 생물을 합성하며 위험한 장난을 친다면? 그런 괴생명체가 생태계를 교란한다면? 이미 연구자들이 실험실에서 매머드랑 코끼리를 합성해서 매머펀트를 만들고 매머드를 복원했다고 하는데, 그 생명체가 생태계에 나왔을 때 어떻게 될까?

과거 2차 세계대전으로 인한 사상자보다 더 많은 생명을 앗아간 스페인독감도 실험실에서 합성되었다고 하는데, 만약 강력한 바이러스를 합성해서 테러용으로 유포한다면? 그리고 이미 한 과학자가 금기된 인간배아로도 크리스퍼 베이비를 만들었는데, 태어나지도 않은 아기에게 동의라도 받았나? 그래, 좋아. 이 모든 우려가 만에 하나의 위험을 내포하고 있고 당장은 드러나지 않을 수도 있다고 하자. 하지만 동식물에 적용하면서 다양한 유전자 편집 식품이 시중에 광범위하게 나올 가능성은 매우 크고 현실적인 난제인데 위해성 평가를 안 한다는 것은 문제가 있어.

옥신 인류는 끊임없이 신의 영역에 도전해 왔기 때문에 이만큼 기술 발전의 혜택을 누리고 살고 있어. 식품뿐만 아니라 질병으로 고통받는 사람들도 많은데 규제하면 발전이 더뎌지고, 유능한 과학자들이 규제가 덜한 해외에 가서 특허권을 다른 나라에 빼앗길 수도 있어. 유전자 편집에 대해 규제했던 유럽연합도 최근에 새로운 규정을 발표할 거 같아. 2017년 유럽연합은 '사법재판소에서 어떤 형태의 변형도 기존대로 규제한다.'라고 했었는데 말이야. 일찌감치 다른 나라는 외래 유전자가 삽입되지 않은 변형은 규제하지 않기로 했거든. 심지어 미국은 유전자 편집 작물에 삽입도 가능하다고 했어. 단, 외래 유전자가 아니라 같은 종 내에서 삽입은 가능하다고 확대했지. 이런 상황에서 규제로 발목 잡으면 안 될 거 같아. 지금 우리나라 식량 안보 수준이 심각하잖아. 사료는 거의 다 수입하고 있고, 그거 다 GM 옥수수나 GM 콩이잖아. 우리도 수입하지 말고 기술 개발해서 직접 GE 작물을 만들어 사료용으로 쓰는 날이 와야지.

각신 맞아. 우리나라가 GM 수입국 1위야. 우리나라에서는 최종 제품에서 유전자 변형 DNA가 검출되지 않거나 GM작물이 3퍼센트 미만으로 함유된 가공품은 GM 표시를 하지 않기 때문에 간장, 고추장, 된장에 들어가는 대두는 거의 GM 대두지. 과자, 아이스크림, 라면 등에 올리고당, 물엿, 옥수수유 형태로 들어간 옥수수도 GM 옥수수를 사용하고 있어. 카놀라유, 드레싱, 참치 통조림에도 전부 GM 카놀라가 사용되고 있고. 그러니 한국은 연간 1,000만 톤의 GMO 곡물을 수입하고, 1인당 연간 GMO 소비량이 45킬로그램으로 세계 최대 수준이야. 그런데 GM 표시를 안 해서 그냥 모르고 사 먹지만 시중에 유통되고 있는 수입 콩두부 제품 8개 중 7개에서 GMO 유전자가 검출됐어. 사료용이 아닌 식용 콩에는 GM 콩을 쓰지 않는데, 두부를 만드는 콩 일부에 GM 콩이 섞여 있었고, 열을 가해 가공해도 남아 있었던 거야. 그러니 GM 표시제부터 강화하고 그다음 이야기를 해야 할 거 같아.

옥신 표시제에 대해서는 국민 정서나 물가를 생각하고 기업 입장을 생각하면 이 정도도 괜찮다고 생각해. GM 완전 표시제를 하게 되면 기업은 일부 소비자 기호에 맞게 GM 아닌 제품을 선보이려 할 거고 그럴수록 물가는 올라갈 거야. 괜히 작은 것으로 민감하게 되어 봤자 사회적 혼란만 생기고, 주머니 사정이 좋지 않은 서민들은 GM 고추장을 사 먹을 수밖에 없는 것에 위화감을 느끼게 될 거야. GM 작물로 대규모 생산이 가능해졌고 가격 경쟁력이 좋아진 건 사실이야. 수입 GM으로 간장, 고추장 안 만들면 비싸서 서민들은 시장에서 사 먹을 수도 없어. 얼마 안 되는 국산 콩으로 간장, 고추장, 된장의 수요를 따라잡을 수 없을 것이고 국산 옥수수는 그냥 먹기도 비싼데 거기서 올리고당, 물엿 만들어 내면 과잣값, 라면값은 또 오르겠지. 우리나라처럼 땅이 좁고 사료용으로 대부분을 수입하는 나라에서는 어쩔 수 없어.

각신 그러니 사료용으로 수입한 먹거리에서 기름 짜고 간장 만들고 올리고당 만들고 나서 GM이라고 표시 안 해 주니 소비자 입장에서는 알권리와 선택할 권리를 빼앗긴 거지. 일부 유럽 국가들, 많은 아시아 나라들, 심지어 아프리카에서는 기아로 굶어 죽는 인구가 늘어나는데도 일부에서는 GM 작물의 수입을 금지하고 있어. 먹거리 불평등에 대해서도 위화감을 느끼지 않게 안전한 먹거리에 대한 형평성을 맞춰 주는 것이 사회제도와 국가가 할 역할이라고 생각해. 그렇다고 국산 콩으로 만든 것이 안전한 먹거리라고 장담하기도 어려워진 현실이야. 전국은 GM 작물로 이미 오염되었다고.

옥신 우리나라는 GM 작물을 연구하거나 수입하는 것만 가능하고 재배하지는 않아. 오염이라니?

각신 국내산 콩도 모르고 먹어서 그렇지, 사실은 GM이 섞여 있을 수 있어. 비행기 화물칸에 실려 온 GM 콩이 화물

차에 실려 사료 공장이나 축사로 이동하다가 몇 개가 굴러떨어질 수 있잖아. 길가에서 마구 자란 콩을 지나가던 고양이가 물고 가다가 또 떨어뜨릴 수도 있고. 씨는 퍼지는 특징이 있으니까. 국내에는 GM 작물을 키우는 농장이 없어도 GM 콩은 여기저기서 자랄 수 있어. 2017년 5월 태백산 유채꽃 축제장에서 GM 유채가 검출되었어. 축제장에 온 사람들에 의해 전국 100여 곳으로 퍼졌고. 이미 우리나라는 전국에서 면화, 카놀라, 옥수수, 콩 등이 GM으로 오염된 상태야. 이 좁은 땅에 퍼지면 유기농 유채를 재배해서 유기농 유채기름(카놀라유)을 판매하고 싶은 농가는 유전자 검사로 인한 비용도 더 들어가게 될 거고, 소비자들은 GM 카놀라유가 아닌 유기농 카놀라유를 선택하기가 더 어려워진다고. 더 큰 문제는 유채는 1.3킬로미터 거리에서도 바람, 벌 등에 의해 무, 갓, 배추 등으로 유전자 이동이 가능해. 배추와 무, 브로콜리, 양배추까지 원하지도 않았는데 GM 작물이 되면 우리 농산물, 토종 먹거리라는 자부심도 사라지고 GM으로 유전자가 오염되겠지.

옥신 물론 원치 않게 GM 작물이 섞인 것은 맞지만 GM 작물에 대한 인체 유해성 근거도 없는데 조금 섞인 거 가지고 '오염'이라는 표현은 조금 과장된 거 같아.

각신 GM 식품이 안 좋다는 걸 입증하기에는 시간이 많이 필요해. 그런데 30년밖에 안 된 기술이야. 그리고 우리는 조금씩 장기적으로 섭취하고 있어. 나중엔 질병과 인과관계를 밝히기도 어렵 겠지. 하지만 쥐를 대상으로 실험했을 때는 암을 유발하는 것이 확실하다는 자료가 있어. GM은 주로 제초제나 살충제 저항성을 가진 것이 대부분이고, 그렇게 만든 이유는 재배의 편리성 때문이야. 제초제를 비행기로 뿌리면 일

일이 잡초를 뽑는 거보다 인건비도 적게 들고 넓은 면적을 효율적으로 관리할 수 있지. 이렇게 한꺼번에 처리해서 잡초는 다 제거하고 제초제 저항성을 가진 GM 작물만 살아남게 하려는 의도지. 그런데 WHO 국제 암 연구소 보고서에 그 제초제에 들어 있는 성분 중에 글리포세이트가 사람에게 림프종과 폐암을 일으킨다는 증거가 있어. 발암물질 2A 등급인데, 1972년에 미국에서 사용이 금지된 독성 살충제 DDT도 발암물질 2A 등급으로 분류되고 있거든. 이 성분이 1974년부터 사용되었고 750여 종의 제초제 성분에 지금도 사용되고 있어. 베트남전에서 고엽제를 만들어 뿌렸던 악명 높은 기업 몬산토에서 제초제를 만들었어. 그리고 제초제 저항성 GM 작물을 만들며 세트로 팔았지. 문제는 제초제 성분이 작물에 남아 있을 수 있다는 거야. 미국 재배 콩의 94퍼센트, 옥수수의 98퍼센트가 글리포세이트가 포함된 제초제를 사용해서 재배해. 그래서인지 글리포세이트 잔류량 허용 기준치가 쌀 1킬로그램에 0.05밀리그램인 데 반해 옥수수는 5그램으로 100배, 대두는 무려 20그램으로 400배가량 허용치가 높게 잡혀 있어. 이것을 대부분 우리가 수입해서 이런저런 모양으로 가공해서 먹고 있는 거야.

옥신 하지만 인구 증가에 따른 식량 생산 증가가 필요해. 현재도 세계는 5초에 1명씩 기아로 사망하고 있어. 기후 변화로 작물을 경작할 수 있는 조건이 더욱더 어려워지고 경작지 또한 감소하는 게 현실이야. 유전자 변형 작물이나 유전자 교정을 통한 품종개량은 가뭄과 염도(소금기)가 높은 토양에서도 작물이 살아남을 수 있게 만들어서 생산량을 증대시킬 수 있어. 고온, 저온의 상태에서도 살 수 있는 작물을 만들어 낼 수도 있고. 실제로 GM으로 쌀의 기공(숨구멍) 수와 크기를 조절하는 게 성공했어.

이건 큰 가능성을 시사해. 기공을 조절해서 기후 변화로 인한 가뭄, 물이 부족한 지역, 해수면 증가로 인해 바다로 침수된 농지, 즉 염분이 높아진 곳에서도 쌀 생산량이 줄어드는 것을 막을 수 있을 거야.

또한 전 세계 1억 9,000만 아이들이 비타민 A가 부족해. 황금쌀처럼 비타민 A 합성을 유도하는 유전자 조작 쌀로 그 아이들의 영양 상태를 개선할 수도 있다고.

기술 개발을 활발히 하도록 하려면 규제를 완화할 뿐 아니라 상업화할 수 있는 제도 개선이 필요해. 가장 분명한 것은 최근 전 세계적으로 문제가 되는 기후 변화, 식량 부족, 환경오염 등에 맞추어 개발되어야 할 작물은 기존의 전통 육종 방법으로는 불가능해. 보다 적극적으로 신기술을 활용할 수 있는 환경이 마련되면 탄소를 포집할 수 있는 식물 자원을 확보할 수도 있을 거야.

각신 현재 국내 식용 수입을 승인받은 GM 작물 182건 중에 생산량 증가로 승인된 것은 1건밖에 없어. 가뭄과 홍수에 잘 견디는 작물은 가능성일 뿐, 만들어지지도 않았어. 대부분이 콩, 옥수수, 면 화, 카놀라, 알팔파고, 대부분 제초제 저항성과 해충 저항성을 가진 GM이 사료용으로 수입되고 있어. 식량 생산 때문에 GM 개발이 필요하다고? 현재도 식량 생산은 소비량보다 1.5배가 많은데 역설적이게도 약 10억 명 이상이 기아 상태야. 현재 인구 80억인데 140억 명이 먹을 수 있는 양이 있다고. 대부분의 미국 GM 옥수수는 식용보다는 40퍼센트가 사료고, 30퍼센트가 바이오 연료, 나머지는 수출하거나 옥수수 시럽으로 만들고 있어. 식량 증대를 위한 기술 개발이 아니야. 기아 문제 해결은 핑계고 누가 이득을 보는지 생각해 봐. 유전자 편집 작물에 규제를 풀겠다는 나라는 대부분 GM 수출국이야. 그리고 다국적 기업이 생명 특허를 통해 종자나 생물 자원을 독점하고 있어.

환경문제도 마찬가지야. 처음에는 농약이나 제초제를 덜 쓰게 될 거라고 했지. 그래서 환경오염이 감소할 거라고. 생태계는 단순하지 않아. 오히려 제초제에 더 강한 슈퍼 잡초가 자연변이로 생겨났고, 강한 살충제에 스스로 살아남기 위해 자연변이로 슈퍼 해충이 등장했어. 강력한 제초제나 살충제에도 듣지 않으니까 농약 사용은 더 많아지고, 더욱 더 강한 GM 작물이 또 개발되었지. 이렇게 끊임없이 서로 독해져만 가는 때에, 식물 뿌리 주변에서 식물의 질병에 저항하도록 도움을 주었던 균근 곰팡이 같은, 토양에 살던 유익한 균도 감소했어. 나비, 무당벌레 같은 유용한 곤충도 사라져만 갔어. 생물 다양성이 감소한 것은 물론이고 여러 종류의 강력한 제초제로 토양, 지하수, 식수가 오염되었고, 주변의 다양한 식물들은 사라졌지. 이뿐만이 아니야. 사람에게도 발암물질, 신경 독소, 환경호르몬으로 영향을 주고 있어. 심지어 식품에도 제초제 성분이 남아 있고. 사람에게도 농부에게도 환경에도 도움이 안 되는 GM 작물은 제초제와 제초제 저항성 작물, 살충제와 살충제 저항성 작물을 세트로 팔고 있는 글로벌 농업 기업의 배만 불려주고 있어. GM 작물이 원치 않게 주변 농가나 해외 농산물 유전자 오염까지 시켜서 일반적인 제초제로 제거하기도 어려워졌어. 환경에 부담만 주고 있는 현실이야.

옥신 우리나라에 다양한 기능의 GM 작물이 수입되지 못한 것은 규제 때문이야. 그래서 우리나라 자체 개발도 더디게 이루어지고 있어. GM 규제 완화가 해결되지 않으면 GE도 계속 이런 분위기로 가겠지. 국내로 들여오는 모든 GMO는 미리 안전성 승인을 받아야 해. 이 심사에 참여하는 기관은 5곳에 달해. 농촌진흥청과 식품의약품안전처, 질병관리본부, 국립생태원, 국립수산과학원인데 기관별로 20여 명 내외의 심사위원회를 두고 안전성을 평가해. 어느 한 기관에서만 통과되지 않아도 해당 GM 곡물은 우리나라로 단 한 톨도 반입되지 못하거든. 우리나라에서 GM 작물 재배 승인 신청 1호인 제초제 저항성 잔디의 경우는 15년째 심사에 필요한 보완 자료 요청만 받고 있을 뿐, 통과될 조짐이 없어. 국립수산과학원에서는 물고기가 이 잔디를 먹었을 때 나타날 위험성에 대한 평가 자료를 요청했는데, 물고기가 잔디를 먹을 일이 있겠어? 규제가 발전의 발목을 잡고 있어. 우리나라에서도 사실 GM 작물에 대해 많은 투자를 했고 그 결과 좋은 작물이 새로 개발된 것도 많은데, 지금 단 1평의 땅에서도 그 작물을 재배하지 못하고 있는 현실이야. 그리고 GM 작물에 대한 엄격한 규제는 이후 개발되는 GE 작물 개발에도 영향을 주고 있어.

각신 규제 완화보다는 심의 기구가 통일성을 갖추되 검증 방법이 다양화되어야 한다고 생각해. 그리고 절차의 복잡함보다는 투명성 과 전문성을 강화할 필요가 있어. 현재는 기업이 제출한 문서만으로 검증하지만 어떤 조사나 실험을 했는지, 문제가 없다면 구체적으로 문제가 없는 이유에 대해서도 명시가 필요한데 '특이 사항 없음' 이런 식의 기재만 대충 나열되어 있어. 지금처럼 기업이 제출한 문서로만 심사하면 기업 스스로 불리한 자료는 제출하지 않아도 규제할 수 없는 상황이야. 협의체도 다양한 전문가로 사안에 맞게 그때그때 구성하고 구성원 명단과 회의록이 시민에게 공개되어야 할 필요가 있어. 그래야 시민의 대표로서 책임감 있게 결정할 수 있고 시민도 모니터링이 가능하지. '유전자 변형 생물체의 국가 간 이동 등에 관한 법률 개정안'을 보면 GE 작물에 대해 국가 책임 기관의 '사전검토'를 통해 위해성 심사(7조 2), 수입 승인(8조), 생산 승인(12조), 이용 승인(22조 4) 부문에서 면제를 주고 있어. 지나치게 허용하고 있다고 생각해.

 목신 난 다른 관점에서 문제를 제기하고 싶어. '유전자 변형 생물체의 국가 간 이동 등에 관한 법률 개정안'에는 '유전자 가위 등 신기술을 적용한 유전자 변형 생물체의 개발'에 관한 표현이 나와. 유전자 편집과 유전자 변형은 다른데 같이 취급하고 있어. 유전자 편집 기술은 자연적 변이와 차이가 없어. 미국과 일본은 유전자 편집에 대해 규제를 풀었는데, 우리나라는 유전자 변형의 일종으로 보고 안전성이 입증되면 심사에서 제외하겠다고만 해. 이대로는 안 돼. 더 나아가서 심의 기관은 GM인지 GE인지 구별만 하고 GE라면 바로 상업화할 수 있는 시스템이 필요해. 예컨대 선진국에서는 식물에서 단백질을 추출해 바이러스 백신을 만드는 것을 할 수 있지만, 우리나라에서는 식물로 만든 단백질을 사람한테 투여할 수 있는 법적 근거가 없어서 그런 시도를 하지 못하는 상황이야.

각신 같은 것을 보고 다르게 생각하는구나. 난 규제가 불충분하다고 생각하거든. GE에 대해서 우리나라는 인체 및 환경 위해성 평가 면제와 환경 방출을 허용한 셈이야. 자연적 돌연변이 수준의 안전성이 있다면 위해성 심사 면제를 신청하도록 했는데, 자연적 돌연변이 수준에 대한 정의가 유전자 편집을 말하고 있거든. 사실상 유전자 편집 작물에 규제를 풀었고 수입, 생산, 이용이 자유로워졌어. 하지만 GE 작물이 자연적 돌연변이와 같은 수준이라고 하는데, 그건 너무 다른 이야기야. 유전자 편집에 사용되는 크리스퍼 기술이 완벽한 것처럼 부풀려져 있지만 기술 자체는 늘 위험성을 내포하고 있어. 목표로 하는 유전자를 찾는 것이 이전보다 쉬워진 건 사실이지만 목표 유전자를 이탈할 확률도 있어. 그것을 표적 이탈이라고 해. 표적 이탈 돌연변이는 계속 나타나고 있어. 그리고 사람들은 유전자의 기능을 다 알지 못해. 유전자 기능이 시간이 지나서 나중에 더 밝혀진 경우도 있지. 예를 들어서 p53 유전자(세포의 이상증식이나 돌연변이가 일어나지 않도록 막아 주는 유전자)에 대해서 예전에는 암을 촉진한다고 알고 있었지만(1979년), 10여 년이 지난 뒤에 암을 억제하는 유전자라는 것이 밝혀졌어. 유전자에는 밝혀지지 않은 여러 기능이 서로 유기적으로 얽혀 있는데 그냥 잘라 버리면 나중에 어떤 문제가 생길지 감당이 안 될 거야. 만약 그 당시 밝혀진 사실로만 암환자 예방을 위해 p53 유전자를 잘랐다면 더 많은 암에 걸렸을 거야. 유전자 편집 기술은 표적 이탈, 유전자의 여러 기능을 다 알지 못해서 생기는 오류, 이 밖에도 원하는 부위를 편집해도 유전적 오류로 잘못된 단백질이 생성될 수도 있어. 유전자들은 서로 간섭하며 상호작용을 통해 유전자 간, 환경 간에 조절이 일어나는데, 자연의 복잡성을 무시하고 실험에만 맹신해서는 안 될 거야. 그리고 편집 후, 실제론 없어지지 않고 유전자 조각이 우연히 남게 되기도 해. 이것이 의미가 없을 때도 있지만 큰 영향을 끼칠 수도 있거든. 이제까지 한 모든 이야기가 심의 기관의 다양화와 투명성, 엄격함이 더 요구되는 근거에 해당해.

목신 우리나라는 세균에서 크리스퍼 가위를 찾아 노벨상을 탄 UC 버클리대학교 보다 구조가 더 복잡한, 사람과 같은 진핵 세포에서 상용화할 수 있는 기술이 있어. 이제 국내 시장부터 시작해서 세계 시장으로 확장하려고 하는데 규제 때문에 상용화를 못 한다면 너무 아쉬워. 일본은 이미 스트레스를 줄여 주는 가바GABA라는 물질의 함량을 높인 방울토마토가 2021년부터 시판되고 있고, 덩치를 키운 참돔과 빨리 성장하는 복어도 시판되고 있거든. 기술은 우리나라가 일본에 비해 훨씬 앞섰는데 연구 성과만 좋을 뿐, 실제 상용화로 이어진 것은 없는 현실이야. 유전자 편집에 대해 일본은 추가 안전평가 없이 GE 식품의 판매를 허용하고 있어. 미국은 다른 종의 유전자를 포함하지 않은 GE는 GM같이 엄격하게 규제하지 않고 있고. 우리나라는 아직 GE를 GM과 분리해서 해석하지 않아. 국내에서 좋은 유전자 편집 작물을 개발한 뒤 상업화가 가능한 해외로 수출할 때도 우리나라에서 상업화한 사례가 있냐고 질문을 받아. '우리는 규제 때문에 상업화가 안된다.'라고 답변하면 해외에서는 '일단 한국에서 상업화에 성공한 뒤에 다시 이야기하자.'라고 한대. 국내 규제가 글로벌 성장까지 막고 있어.

각신 기업 입장에서야 시장에 출시해서 빨리 상용화되면 돈이 되니까 좋겠지만, 소비자 입장에서는 그걸 꼭 안 먹어도 된다고 생각해. 우리 국민이 실험 대상이 될 필요는 없어. 여러 위험을 감수하면서까지 기업의 배만 불려 줄 필요는 없다고 생각해.

옥신 국가 경쟁력이 떨어지잖아. 과학적 증거 없는 막연한 두려움이 여러 검증 기관을 통과해도 상업화가 안 되는 또 하나의 중요한 이유야. 바로 시민의 편견과 인식이 문제야.

각신 과학적 증거 없는 막연한 두려움도 아니고 편견도 아니라고 생각해. 의도하지 않은 결과에 대한 과학적 증거를 기업이 무시하고 있어. 기업에서는 새로운 상품에 대해서 좋은 것만 부각하려고 하고 발생할 수 있는 위험을 숨기거나 드러내고 싶지 않겠지. 소비자는 그걸 다양한 관점에서 바라보고 꼼꼼히 따져 볼 필요가 있어. 우리가 돈을 벌려는 목적이 아니라면 우리가 먹을 새로운 먹거리에 대해서 급해야 할 이유는 없어. 더군다나 이건 단순한 하나의 상품이 아니야. 인체와 환경에 어떤 영향을 줄지 모르는 유전자의 문제니까.

한 가지 예로 오래 두어도 멍들지 않는 GM 감자가 개발되었어. 감자의 색이 오래 두어도 늘 노란색이니 겉으로는 싱싱해 보이지만 이것은 단지 멍을 감추었을 뿐이야. 유전자 변형으로 인해 검은 반점을 나타내는 유전자가 사라졌을 뿐, 두통, 구역질 등을 일으키는 각종 독성물질은 더 쌓였고 곰팡이, 세균, 바이러스에 감염돼도 증상이 나타나지 않으니 빠른 시기에 처리할 수도 없어진 거지. 멍이 든 것을 눈으로 봤다면 도려내거나 버려질 감자였는데 질병 있는 상태로 시장에 유통되고 햄버거 가게에서 감자튀김으로 나올 수도 있었다고. 다행히 카이어스 로멘스 박사의 책『판도라의 감자』가 세상에 알려지면서 시민 반대 운동을 통해 우리나라에는 수입되지 않았어. 로멘스 박사는 자신이 몸담았던 기업에서 GM 감자를 연구하며 알게 된 문제점을 해결하자고 계속 제안했지만, 이미 상업화에 눈이 먼 기업은 박사의 제안을 받아들이지 않았지. 그래서 그 기업을 나와서 양심선언을 하고 책에 관련 내용을 썼어. 회사 기밀은 비밀 유지 서약으로 인해 밝히지 못했지만 말이야. 이렇게 기업과 시민은 다른 입장이야. 결국 우리는 이번 일처럼 시민의 모니터링과 힘으로 스스로 지키는 수밖에 없어.

목신 GM의 유해성만 바라보지 말고 GE의 다양한 활용성을 보자고. GE를 활용해서 동물 복지를 실현할 수 있어. 젖소는 뿔이 있는데 이 뿔로 서로를 상하게 하거나 사람을 다치게 해서 소의 뿔을 잘라 내거나 불로 지지는 과정이 있어. 이 고통을 없애 주기 위해서 뿔 없는 소를 만들었지. 이 실험이 성공하자 크리스퍼 기술을 사용해서 다양한 시도가 일어나고 있어. 돼지를 사육하는 농장에서는 돼지들이 서로 꼬리를 상하게 하니까 돼지 꼬리를 잘랐지만, 이제 아예 태어날 때부터 꼬리 없는 돼지를 만들 수도 있어. 지금은 원치 않은 가축의 성별은 태어나자마자 죽이거나 거세하는데, 크리스퍼 기술을 사용하면 그렇게 하지 않을 수 있어. 먹는 소에는 수컷만(몸집이 커 생산량이 많아서), 젖소에는 암소만(수소는 우유 생산이 안 돼서), 양계장에는 암탉만(수탉은 알을 못 낳으니), 돼지우리에는 암컷만(수컷은 사춘기가 지나면 냄새가 나서) 태어나게 할 수도 있지.

각신 우리 입맛대로 가축을 변형하는 것이 동물 복지라고 생각해? 다른 방법으로 동물의 환경을 개선시킬 수 있잖아. 밀집사육으로 서로 치고 상처가 생기는 것이니 환경을 바꿔 주면 될 텐데,
동물 복지라는 이름으로 상업화하고 생산성을 증대하려는 거라고 생각해. 어차피 뿔을 자르고 꼬리를 자르는 이유도 고기 품질이 상할까 봐 그러는 거잖아. 뿔 없는 젖소에게 외래 DNA가 존재한다는 것이 발견되었어. 털이 많은 양도 만들어졌는데 그것도 생산성을 위해서야. GE 동물이 성행하면 축산 분야뿐만 아니라 형광색 털에 호주머니에 쏙 들어가는 작은 고양이를 탄생시켜 데리고 다닐 수도 있는 세상이 오겠지. 사람 마음대로 인위적으로 동물 고유의 특성을 훼손하는 것은 동물 복지를 뛰어넘는 또 다른 생명 윤리 문제가 돼.

옥신 그건 지나친 상상이야. 국내 연구진에 의해 슈퍼 근육 돼지가 개발되었어. 돼지고기는 중국에서만 1년에 7억 마리, 전 세계적으로 20억 마리가 도축되고 있어. 마이오스타틴MSTN이라는 근육 성장을 조절해 주는 유전자를 편집하면 우락부락한 근육을 가진 슈퍼 근

육 돼지가 탄생해. 근육으로 몸집이 커진 돼지가 상용되면 정말 엄청난 시장을 점유하는 거지. 벨지안 블루라는 소 품종은 자연적인 마이오스타틴 돌연변이로 비계가 적은 근육을 가지고 있거든. 슈퍼 근육 돼지도 이런 자연스러운 돌연변이와 별반 다른 게 없어.

각신 마이오스타틴은 임신할 때 발현되는데 그 이유는 임신과 출산에 지방층이 필요하기 때문이야. 지방층이 생겨야 출산이 좀 더 쉬워지는데 근육질 상태로 출산하면 동물은 아마 살이 찢어지는 고통을 느낄 거야. 출산하기까지 생존한다면 제왕절개를 통해 출산했겠지만 이미 연구 과정에서 32마리 중 20마리는 일찍 죽고, 남은 돼지도 1마리만 제외하고는 8개월까지만 생존했어. 살아 있는 동안에도 근육 무게가 많이 나가서 다리 관절에 무리가 왔고, 호흡 합병증을 앓고 혀가 커졌어. 몸을 덮기 위한 더 많은 피부와 튼튼한 뼈가 조화롭게 발달될 필요가 있었어. 이처럼 완전한 동물체에 인위적으로 돌연변이를 일으킨 것은 자연스러운 돌연변이와 달라. 동물에게도 고통이고, 관리를 벗어난 유전자 조작 생물이 생태계에 무방비로 나가게 되면 생태계를 교란할 수도 있어. 다른 동물을 잡아먹거나 천적이 없어 개체 수가 많아지거나 자연종과 짝짓기를 통해 또 어떤 문제를 일으킬지 몰라. GM 감자도 널리 유포되었다면 생태계를 교란하는 위험뿐만 아니라 외관상 멍이 드러나지 않아 감자에 질병이 생긴 걸 알지 못한 채 유해한 각종 독소를 함유하고 시장에 유통될 수도 있었어. GM 개발에만 몰두하다가 책을 통해 양심선언을 한 로멘스 박사는 지금은 전통적인 육종 방식으로 유전적 다양성을 가진 작물 개발을 연구하고 있어. 그의 행적은 인류에게 시사하는 바가 있다고 생각해.

생명공학 기술을 사용한 생명체

	옥신	각신
크리스퍼 가위 기술의 장점과 위험성	• 크리스퍼 가위를 사용한 유전자 편집 기술로 개발 비용이 저렴해지고 개발 시간이 단축된다. • 유전자 편집은 유전자 변형이 아니라서 위해성 평가와 규제를 받지 않아도 되고, 기술 개발 접근이 쉬워졌다.	• 크리스퍼 가위 기술로 인해 새로운 위험성이 우려된다. • 새로운 생명체 합성이나 복원 기술로 인해 생태계 교란 문제가 우려된다. • 생물학적 무기의 개발과 테러 위협 등 인간에게 적용했을 때 우려되는 윤리 문제로 인해 규제 지침이 필요하다.
GM식품에 대한 표시제와 유전자 오염	• 크리스퍼 가위 기술로 식품뿐 아니라 의료 발전을 통해 질병 치료에 대한 희망도 커졌다. 규제가 심해지면 기술 경쟁에서 불리해진다 • 대부분 국가에서 규제를 풀고 외래 유전자가 삽입되지 않은 GE에 대해 허용적인 추세다. • 국가 경쟁력을 확보하고, GM 작물을 대부분 수입하는 우리나라로서는 식량 안보를 생각해서라도 GE 자체 개발이 필요하다.	• GM 수입국 1위인데 완전 표시제를 사용하지 않아 잘 모르지만 대부분의 식품은 GM을 사용했다. • 시민들은 식품 정보에 대해 제대로 알권리, 선택할 권리가 있다. • 가공식품에는 GM 유전자가 검출되지 않을 거라는 예상과 달리 검출되기도 했다. • GM 표시제부터 강화하고 다음 논의를 해야 한다.
	• GM 작물은 대량생산이 가능해서 가격 경쟁에서 유리하다. • GM 유전자가 포함되지 않은 선에서 가공식품에만 적용했기 때문에 적당한 방법이다. • 완전 표시제를 했을 때 가격 문제로 선택할 수밖에 없는 경우. 위화감 조성이 우려된다.	• 안전한 먹거리에 대한 기본 보장을 해 줄 필요가 있다. • GM 작물 수입을 금지하는 나라들도 많다. • GM 작물의 수입으로 전국의 유전자 오염이 진행되고 있다. • 유기농. 토종 먹거리를 지키고 선택하고 싶은 농부와 시민의 자유도 보장받기 어려워졌다.
GM의 인체 유해성	• GM의 인체 유해성 근거는 없다.	• GM에 사용된 제초제 성분이 암을 유발하고 GM 작물에 잔류할 수 있다.

GM의 환경 유해성과 제도 개선의 필요성	• 식량 생산 증대, 기능성 GM 개발로 영양소 추가, 기후 변화에 대응, 환경오염 문제를 해결하려면 생명공학 기술이 필요하다. • 규제 완화뿐 아니라 상업화할 수 있는 제도 개선이 필요하다.	• GM 작물이 기아 문제를 해결해 주지 않는다. • 제초제 저항성을 가진 GM 작물과 세트로 사용되는 제초제로 인해 주변 생태계가 무너진다.
유전자 조작 및 유전자 편집에 대한 규제와 상용화 논란	• 우리나라의 규제로 인해 GM 작물의 수입과 개발이 어렵다. • 현재 개정안에 따르면 GE 작물을 GM의 하나로 보고 있다. • 국가마다 규제 방식이 다양한데, 우리나라도 심의 기관은 GM인지 GE인지 구별만 하고 GE라면 바로 상업화할 수 있는 시스템으로 바뀌어야 한다. • 우리나라는 규제가 느슨한 나라에 비해 상용화하는 부분에서 밀리고 있다. • 국내 규제가 강해 국제 시장에 진출하는 데 걸림돌이 된다.	• 유전자 편집에 사용되는 크리스퍼 가위 기술도 표적 이탈, 유전자의 다양한 기능에 대한 이해 부족으로 위험할 수 있는데 규제가 느슨해져서 우려된다. • 심의 기구를 통일화하고 전문성, 투명성 확보 및 다양한 방법의 검증이 필요하다. • 현재 개정안에 따르면 GE 작물에 대한 규제 사전 검토를 통해 각종 규제를 면제받게 하고 있다. • 소비자 입장과 기업의 입장은 다를 수 있다. 규제를 강화해서 국민이 기업의 실험 대상이 되는 것을 막아야 한다.
'GM 감자'와 시민의식 논란	• 생명공학 기술에 대한 시민의 편견과 인식 개선이 필요하다.	• 한 과학자의 양심선언과 시민운동으로 GM 감자의 수입을 막을 수 있었다.
'뿔 없는 소'와 동물 복지 논란	• '뿔 없는 소'처럼 GE 동물을 축산업에 활용하면 동물 복지를 실현할 수 있다.	• 동물 복지는 다른 방법으로 실현하면 되는데 우리 입맛에 맞는 대로 동물 고유의 특성을 바꾸는 것은 윤리적 문제가 있다.
'슈퍼 근육 돼지'와 자연 돌연변이 논란	• GE로 탄생한 슈퍼 근육 돼지는 생산성 증대로 큰 시장을 형성할 수 있다. • 그 정도의 유전자 편집은 자연에서도 일어나는 돌연변이에 불과하다.	• 슈퍼 근육 돼지는 자연 돌연변이와 다르게 동물의 고통이 심하다. • GE 생명체에 의해 생태계 교란과 인체 유해성이 우려된다.

옥신각신의 논쟁이 정말 뜨겁네요. 크리스퍼 가위 기술의 전반적인 장점과 위험성부터 유전자 변형 식품의 표시 문제, 유전자 오염, 유전자 편집 생명체를 유전자 변형 생명체로 볼 것인지 아닌지에 따라서 달라지는 규제 논란, 거기에 상용화까지 갈 수 있도록 규제를 완화해 달라는 입장과 소비자를 보호하기 위해서 규제를 더 강화해 달라는 입장 등 여러 쟁점을 다뤘습니다. 모든 새로운 기술, 특히 위험하고 파급력이 큰 기술은 다음과 같은 딜레마를 담고 있지요.

"자료가 부족하고 인과관계를 충분히 설명할 수 없고, 연구 활동이나 결과물이 가져올 위험 상황을 어떻게 통제할지 합의가 부족한 상황이라면 '예방'이 우선이 아닐까?"

"'구더기 무서워 장 못 담근다.'라는 우리나라 속담처럼 위험을 예측할 수 없다는 이유로 '연구'에 대한 자유와 창조성, 기술적 진보를 막는 것이 과연 옳을까?"

이런 고민과 함께 여러분이 생명공학 기술을 사용한 생명체를 심의하는 기관의 위원이라고 가정하고 다음과 같은 상황에서 자신만의 결정을 내려 봅시다. 바로 '뿔 없는 소'와 '슈퍼 근육 돼지'에 대해 '연구 개발 금지, 연구 개발 허용·상용화 금지, 상용화 허용'이라는 3단계 기준 중 하나를 선택하는 거죠. 여러분은 어떤 근거로 무슨 결정을 내리겠습니까?

생명공학 기술을 사용한 생명체 심의하기

결정 단계 GE 생명체	연구 개발 금지	연구 개발 허용· 상용화 금지	상용화 허용
뿔 없는 소 (3단계 중 1개만 선택하여 작성)	연구 개발을 금지한다. (0) [근거] • 동물 고유의 형태를 변화시키는 연구가 성행하면 종 특성이 사라진다. • 생태계 유출 시 통제에 대해 합의가 이루어지지 않았다. • 환경 및 건강에 대한 평가가 부족한 상황에서 연구 개발 허용은 이르다.	연구 개발은 허용하되 상용화는 금지한다. (0) [근거] • 다양한 연구 및 개발은 인류의 과학기술 발전을 위해 시도해 볼 수 있다. • 편집 과정 중 유전자 조각이 우연히 남는 외래 DNA가 발견되기도 했다. • 대량생산은 반대한다.	상용화를 허용한다. (0) [근거] • 소가 태어나서 뿔이 잘리는 고통을 없앤다. • 축산업의 불필요한 노동을 감소시켜 줄 수 있다.
슈퍼 근육 돼지 (3단계 중 1개만 선택하여 작성)	연구 개발을 금지한다. (0) [근거] • 실험동물 입장에서 온몸에 근육만 있고 지방이 없으면 여러 질병에 걸리고 고통스럽다. • 동물 복지 차원에서 반대하고 식량 증대라는 이유라면 다른 방법으로 해결할 수 있기에 연구 개발에 대한 이유가 적합하지 않다.	연구 개발은 허용하되 상용화는 금지한다. (0) [근거] • 생존율이 떨어져서 더 연구해야 한다. • 시중에 돌아다니게 되면 생태계에 교란이 생길 수 있다. • 캐나다와 영국, 유럽 연합도 아직은 어떤 형태의 변형도 규제하고 있다. • 식용으로 무해한지 충분한 연구가 없기에 상용화는 이르다.	상용화를 허용한다. (0) [근거] • 돼지고기 시장은 크다. 육류 소비는 늘어날 것이다. • 돼지고기의 생산성을 생각한다면 상용화해야 한다.

생명공학 기술을 사용한 식품 표시제에 대한 의견 정하기

또 하나, 여러분은 생명공학 기술을 사용한 GM 식품이나 GE 식품이 시장에 나왔을 때 포장지에 상품 설명이 어떻게 표시되기를 원하나요? '완전 표시제, 부분 표시제, 표시 의무 불필요' 중 하나를 선택하고 그렇게 생각한 근거는 무엇인지 작성해 보세요.

결정단계 / GE 생명체	완전 표시제	부분 표시제	표시 의무 불필요
GM 식품 (3단계 중 1개만 선택하여 작성)	완전 표시제를 한다. (O) [근거] • 가공식품이라도 GM 작물을 사용했다면 표시한다. • 소비자는 그것에 대해 알고 선택할 수 있어야 한다.	부분 표시제를 한다. (O) [근거] • 가공식품에는 변형 유전자가 포함되지 않는다. 표시할 필요가 없다.	표시할 필요가 없다. (O) [근거] • 가공식품이나 모든 식품에 유전자 변형 식품이 섞여 있어도 인체 유해성이 없으므로 표시할 필요가 없다.
GE 식품 (3단계 중 1개만 선택하여 작성)	완전 표시제를 한다. (O) [근거] • GM 식품이나 GE 식품이나 동일한 유전자 조작과 변형이다. • 인위적 변형과 재배 과정의 처리가 자연적인 방법과 다를 수 있다. • GM 식품과 같은 맥락에서 GE 식품도 규제하고 완전 표시제를 해야 한다.	부분 표시제를 한다. (O) [근거] • GM 식품은 완전 표시제를 동의하지만, GE 식품의 경우엔 예외를 줄 수 있다. • GM 식품과 GE 식품은 다르다.	표시할 필요가 없다. (O) [근거] • GE 식품은 일반 교배에 의한 육종과 다를 바 없다. • 국내 생명공학기술 산업의 활성화를 위해서라도 표시할 필요가 없다. • 표시에 따른 불필요한 인력 낭비를 줄이고 표시를 통한 낙인 효과를 없애야 한다.

더 생각해 보기

씨앗을 훔친 걸까? 씨앗이 오염된 걸까?

1998년 캐나다 농가들에 청천벽력 같은 고소장이 날라 옵니다.

'특허 조치된 유전자가 포함된 카놀라를 허가 없이 재배함으로써 몬산토의 종자 독점권을 침해했다.'라는 내용의 고소장이었죠. 얼마 전회사 직원들이 연구차 이 주변 일대 농장에 들어온 적이 있었지요. 농부들은 친절과 편의를 베풀며 조사 활동을 허용해 주었고요. 그런데그때 몬산토 직원들은 본인 회사에서 만든 유전자 변형 종자들이 자라고 있는지 조사했고, 종자가 발견된 농가들은 졸지에 특허권을 침해한 도둑으로 몰렸어요. 황당하고 억울했지만 농부 대부분은 엄청난 소송 비용과 소송 기간을 감당할 수 없어 울며 겨자 먹기로 기업이 요구하는 대로 어기지도 않은 특허권에 대한 보상금을 지급했어요.

하지만 농부 퍼시 슈마이저는 굴하지 않았어요. 한 명의 농부와 세계 굴지 기업과의 법정 싸움이 시작된 것입니다. 이것은 다윗과 골리앗의 싸움과도 같았어요. 지난하고 힘겨운 소송 과정 끝에 2004년, 판결은 어떻게 났을까요? 법원은 '종자가 어떻게 밭에 들어왔는지는 중요하지 않고 특허로 보호받는 종자가 밭에서 자라고 있다는 사실 자체가 특허 침해다.'라며 다국적 농업 기업 몬산토의 손을 들어주었지요. 슈마이저 아저씨는 몬산토에서 씨앗을 구입한 적도 심은 적도 없었고, 당연히 훔치지도 않았어요. 다만 농장 주변에 GM 카놀라를 심는 농가가 많이 있었죠. 이로 인해 슈마이저 아저씨는 수십 년간 재배

위) 퍼시 슈마이저를 모델로 만든 영화 〈퍼시〉. '퍼시 VS 골리앗'으로도 불린다.
아래) 몬산토를 인수한 독일의 다국적 화학·제약·바이오 기업 바이엘.

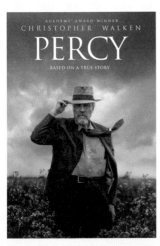

해 온 씨앗들을 '특허침해 씨앗'이란 이유로 모두 폐기해야 했어요.

이후 슈마이저 아저씨는 재배 작물을 카놀라에서 밀, 완두콩, 귀리 등으로 바꿨어요. 그러나 어느 날 또다시 아저씨 농장에서 놀랍게도 GM 카놀라가 발견됐어요. 2005년 슈마이저 아저씨는 몬산토를 상대로 'GM 카놀라로 농장이 오염됐으니 몬산토는 이를 제거할 책임이 있다.'라는 내용의 소송을 제기했어요. 몬산토는 돈으로 아저씨와 몰래 합의하고 이 일을 비밀에 부치고자 했죠. 아저씨는 이에 굴하지 않았어요. GM으로 인한 농지 오염 문제를 공론화시켰고, 이때부터 전 세계적으로 거대 종자 기업의 농민 권리 침해 문제와 GM 유전자로 인한 농지 오염 문제가 논의되기 시작했어요.

씨앗을 기업만이 독점할 수 있는 상품으로 여겼던 거대 농업 자본에 맞서 슈마이저 아저씨는 농민이 원하는 씨앗을 선택해서 농민이 원하는 방식으로 농사짓는 농민의 권리를 지키고자 자신의 인생을 바쳤어요. 2020년 10월 GMO 반대와 농민권 수호 운동의 상징이었던 슈마이저 아저씨는 파킨슨병으로 세상을 떠났지만, 생전 그의 말은 지금도 우리에게 큰 울림이 되고 있습니다.

"씨앗은 공동의 재산이다. 어떤 생명체도 특허를 받아서는 안 되며, 씨앗 교환의 자유는 보장돼야 한다. 또한 농민들은 자신의 땅이 GMO로 오염되지 않도록 보호받을 권리가 있다."

후쿠시마 오염수가 방류되었는데 생선구이를 먹어도 안전할까?

#후쿠시마 오염수 #핵폐기물 #에너지 전환

들어가며

2011년 일본 동쪽 해역에서 규모 9.0의 큰 지진이 발생해 지진해일이 후쿠시마 제1원자력발전소를 덮쳤습니다. 원자로는 폭발했고, 다량의 방사능이 유출되어 15만 명 이상이 대피했습니다. 10여 년이 지난 지금까지도 가동을 멈춘 원자력 발전소의 핵연료에서 발생하는 열을 식히기 위해 바닷물을 계속 넣고 있고, 이렇게 생겨난 오염된 냉각수와 노출된 핵연료를 씻어 내린 빗물이 주변 지하수를 오염시키고 있어요. 오염수에는 삼중수소, 탄소-14를 포함한 방사능 핵종 60여 종이 포함되어 있고, 그 양은 약 130만 톤(2023년 3월 기준)이나 됩니다. 올림픽 시합용 수영장 500개를 가득 채울 오염수가 쌓여 있는 상황이죠.

일본은 이 오염수를 '지하에 묻을까? 대형 탱크에 저장할까? 고체화시킬까?' 고민했어요. 그러다 2022년에 그냥 바다에 버리기로 선택했죠. 왜냐면 양이 워낙 많고, 앞으로도 오염수는 핵발전소가 완전히 폐쇄되기까지 하루에 최대 180톤씩 꾸준히 발생할 테니까요. 다른 방법은 공간도 많이 차지하고 비용도 많이 들고 처리가 복잡하고요.

물론 바다에 버릴 때는 알프스(ALPS, Advanced Liquid Processing System, 다핵종제거장치)를 이용해 방사능 농도를 기준치 이하로 낮춰서 이 처리된 물을 바다에 흘려보내겠다고 했고요. 기준치 이하가 될 때까지 계속 반복해서 처리할 것이고 알프스로도 처리되지 않는 삼중수소는 30년에 걸쳐서 조금씩 희석시켜 버리겠다고 했어요. 2023년 7월 국제원자력기구IAEA도 일본의 오염수 해양 방류 계획이 국제 기준에 맞다고 발표했어요.

그렇다면 일본 바로 옆 나라에 사는 우리들은 바다에서 잡은 각종 수산물을 그냥 안심하고 먹어도 될까요? 이를 놓고 우리나라 과학자뿐 아니라 전 세계 전문가 반응도 엇갈리고 있습니다. 옥신각신 이야기를 통해 들어 보겠습니다.

옥신 일본이 방사능 오염수를 처리했다고 처리수로 내보낸다는데 넌 어떻게 생각해? 난 몇 가지 알아봤는데 너도 조사해 본 거 있어?

각신 일단 기분 나빠. 본인들이 자기네 나라에서 처리할 일이지, 바다는 전 세계의 것이고 돌고 도는데 바다에 방류하면 바다도 오염되고 바다에서 일할 수밖에 없는 사람들도 방사능에 노출될 거고, 거기서 잡는 생선과 조개며, 소금도 그렇고. 우리 이제 이거 다 못 먹는 거야?

옥신 나도 기분이 좋진 않은데 그렇게 극단적으로 생각할 필요까지는 없을 거 같아. 처리하면 오염수가 아니고 처리수가 되니까. 그 정도는 기준치에서도 미미한 양만 있다고 해. 방사능은 자연에도 있고, 삼중수소 정도만 물에 완전히 섞여서 걸러지지 않는데 자연스럽게 내리는 비에도 삼중수소가 포함되어 있어서 동해에 비로 내리는 삼중수소 무게가 5그램이래. 후쿠시마원전 오염수 탱크 안에는 삼중수소가 2.2그램이 있다고 해. 빗속에 포함된 것보다도 적어.

이런 미미한 양의 삼중수소 오염수가 바다에 방출되더라도 우리나라에 미치는 영향은 거의 없다고 봐야 해. 2023년 2월 한국해양과학기술원과 한국원자력연구원이 시뮬레이션해 봤는데, 처음에 북태평양 전체로 퍼졌다가 아열대 소용돌이에 갇혀. 그중 일부만 쿠로시오해류와 대만난류를 타고 제주도 남동쪽으로 들어와서 동해로 흘러갔고 자연스럽게 남해와 서해로도 확산됐어. 다 희석된 삼중수소가 제주도까지 오는 데 4~5년 정도 걸린다는 내용이야.

각신 시뮬레이션은 실제 예측할 수 없는 변수를 가정하지 않았
어. 물고기는 해류를 따라 흘러 다니지 않아. 물고기가 물에 희
석되지도 않고. 일본 앞바다에 있던 물고기가 4~5년 후가 아닌
4~5달 뒤에 출몰해도 전혀 이상하지 않아. 그것도 생물농축이 일어나 방사
성 물질을 가득 축적한 채로. 우리는 바닷물에 관해 이야기하려는 것이 아니
라 해양 생태계에 미치는 이야기를 하려는 거야. 우리는 바닷물을 마시지 않
을 거고 생선을 먹을 거니까. 그리고 독일 킬대학 해양연구소는 세슘137이 오
염수 방류 후 200일이 지나면 제주도 해역에, 280일이 지나면 동해 앞바다에,
340일이면 동해 전체를 덮는 것으로 보고했어. 실험값은 달라질 수 있고, 실
제는 실험과 다를 수 있어.

그리고 기준치에서 미미하다고 하는데, 그 기준이라는 것이 필요에 따라
변하더라고. 후쿠시마 핵사고 이후 사고를 수습하던 노동자들이 1년 기준 방
사능에 피폭되는 기준을 처음에는 100밀리시버트(mSv, 방사선량 측정 단위)로
잡았다가 나중에 250밀리시버트로 올렸으니까. 나라마다 기준치도 달라. 무엇
보다 현재 방사성물질을 방류해도 되는 국제적 기준치는 없어. 그저 도쿄전력
이 기준을 만들고, 자국의 원자력규제위원회에서 허가받은 기준치야.

옥신 그래도 과학자들은 기준에 맞게 처리된다면 식수로 먹어도
될 만큼이라고 해. 국제방사선방호위원회ICRP가 정한 음용수 기준
인 연간 1밀리시버트에도 미치지 않는다고 하니까. 나라마다 다
르다고 해서 찾아봤는데, 식품 1킬로그램에 대한 세슘 기준치가 미국은 1,200
베크렐(Bq, 방사선량 측정 단위)이고 한국과 일본은 100베크렐이야. 일본이 방
출 규제 기준으로 정한 것은 세슘 60베크렐이거든. 그러면 식품보다 안전하다

는 뜻이잖아.

각신 기준치를 넘지 않는다고 안전하다고 할 수는 없어. 그 이상은 안 된다는 최대 허용치이지, 안전에 대한 기준이 아니야. 방사성물질 피폭에 안전한 허용치가 존재한다는 건 말 자체가 성립하지 않아. 안전하다는 것을 강조하면서 방사능에 노출될 상황을 강요하고 또 허용하는 거 같아. 우리에게는 피폭당하지 않을 권리가 있어. 국제방사선방호위원회에는 'ALARA(As Low as Reasonably Achievable)' 원칙이 있는데 '합리적으로 달성할 수 있는 한 낮게', 즉 피폭량을 가능한 수준까지 줄이라는 의미야.

일본이 방류해서 우리에게 유익이 되는 건 없잖아. 예를 들어서 임신한 여성이 엑스선 촬영을 할 때는 태아에게 방사선을 쬐지 않게 하려고 태아를 가리고 촬영해. 임산부는 방사선 노출을 해서 건강관리라는 득이 있지만 태아에게는 좋은 것이 없으니까 위험할 수 있는 요인을 최소화하는 거지. 득이 되는 쪽이 있다면 실이 되는 요인을 없애야 하는데 실을 강요하면서 본인들의 편리를 위한 득만 추구하고 있는 거지.

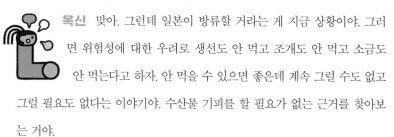

목신 맞아. 그런데 일본이 방류할 거라는 게 지금 상황이야. 그러면 위험성에 대한 우려로 생선도 안 먹고 조개도 안 먹고 소금도 안 먹는다고 하자. 안 먹을 수 있으면 좋은데 계속 그럴 수도 없고 그럴 필요도 없다는 이야기야. 수산물 기피를 할 필요가 없는 근거를 찾아보는 거야.

각신 일본이 방류할 거라고 해서 우리가 찬성해야 해? 그렇게까지 할 필요가 없는 근거를 찾아서 위험할 만한 근거를 못 찾으면, 그런 근거가 없다는 것이 위험하지 않다는 근거가 될 수는 없어.

일본은 방사선 관리 원칙을 지키고 있지 않아. '영향을 받는 이에게 해보다 득이 커야 한다.' '꼭 필요한 경우를 제외하고 불필요한 것은 가능한 한 낮춰야 한다.'가 그 원칙이야. 그런데 불필요한 것은 낮추지 못하고 불필요하게 처리수를 먹었을 때를 가정하면서까지 생각해 봐야 하는지 유감스러워.

옥신 국제원자력기구의 보고서 결과를 신뢰한다고 했지, 찬성은 안 해. 어떤 나라도 환영하지는 않을 거 같은데. 난 단지 지나친 우려를 잠재우기 위해 설명할 뿐이야. 2022년 도쿄전력은 알프스 처리수가 수산물에 미치는 영향을 보려고 처리수에 6일간 광어를 키우고 바다에 옮겼는데, 다른 핵종은 이미 처리수에 미미하게 있으나 의미 없는 값이 나왔고 삼중수소값만 리터당 1,000베크렐이 나왔대. 그런데 바다에 풀어 준 후에 삼중수소도 사라졌다고 해.

각신 그건 일본 실험실 이야기고, 현실은 후쿠시마 앞바다에서 방사능 세슘 기준치 100배가 넘는 물고기가 잡혔어. 세슘 범벅이라 '세슘 우럭'이라고도 했지. 이 물고기가 단순히 표층수만 마시지는

않았을 거야. 그 아래에는 세슘 새우와 세슘 플랑크톤이 있다는 것을 알아야 해. 생태계는 그렇게 실험실 상황처럼 기계적이지 않아. DDT 치사량이 한참 못 미치는 곳에서 철새들이 줄어든 이유는 먹이사슬을 통해 DDT가 농축돼서 철새들의 생식 기능에 영향을 미쳐서야. 농도와 수치로만 말할 수 없다고.

옥신 처리수 방류랑 상관없이 사고가 난 발전소 바로 앞 항만에서는 사고 초기에 방출된 방사성물질이 존재하고, 항만 출입구를 그물로 막아서 어류 이동을 최소화하고 있어. 그래도 완전히는 어려우니 후쿠시마산 수산물 수입은 계속 규제하는 게 안전하겠지. 우리나라는

2013년부터 규제하기 시작했어.

각신 후쿠시마산 수산물이 후쿠시마에만 있지는 않아. 그물로 막
았어도 그물 사이로 빠져나오는 오염된 플랑크톤은 여기저기 퍼지
겠지.

옥신 하지만 이 이야기는 이번 처리수랑 상관없잖아. 넌 2011년 원
전이 터졌을 때를 이야기하고 있어.

각신 난 생태계의 복잡성을 이야기하려고 했어. 그렇
게 간단하지 않다고. 그러고 보니 문제의 근원은 핵발전소 사고인
거 같네.

옥신 처리수로 다시 돌아와서 삼중수소가 알프스에서 처리되지 않
는 것은 사실인데, 삼중수소가 붕괴하며 내는 베타선은 세슘 1,176
킬로전자볼트(KeV, 에너지 단위)에 비해 평균 5.7로 에너지가 크지
않아. 그리고 생물학적 반감기가 12일밖에 안 돼. 반감기는 방사선량이 반으
로 줄어드는 데 걸리는 시간이지. 12일 이후에는 절반이 체외로 배출된다는
뜻이야. 삼중수소가 간혹 유기화합물과 만난 유기결합 삼중수소로 존재하기
도 하는데 이때는 40~350일까지 우리 몸에 머물지만 이런 경우는 드물다고
해. 국제방사선방호위원회의 「삼중수소수의 생물역학」 자료를 보면, 우리 몸
에 삼중수소가 들어와 존재할 수 있는 형태의 97퍼센트는 12일 정도의 반감
기를 거쳐 체외로 배출되고, 나머지 3퍼센트만 반감기가 40~350일 정도에 해
당된다고 해.

각신 그 3퍼센트도 나에게 닥치면 100퍼센트 치명적 현실로 변
해. 그리고 97퍼센트로 존재한다는 것도 12일 동안 반이 사라진

다는 거니 남아 있는 것이 사라지는 동안 체내에 머물다가 붕괴하면서 세포, 혹은 유전체가 피폭당할 수도 있어. 그렇게 되면 유전체에 돌연변이를 일으킬 수 있잖아.

 옥신 우리 유전체를 이루는 염기들은 서로 연결되어 있는데 100밀리시버트 이하에서도 끊어질 수 있어. 그러나 삼중수소의 붕괴 에너지가 워낙 약해서 유전체를 끊을 수는 없는 정도야. 국제방사선방호위원회는 자연 방사선 외에 인공 방사선에 대한 추가 피폭 제한 권고치를 연간 1밀리시버트로 이야기하고 있어. 일본이 방류할 계획인 삼중수소량은 리터당 1,500베크렐인데 이것을 매일 2리터씩 마셔도 1년 피폭량이 0.02밀리시버트 정도야. 이 양은 바나나 200개 정도를 먹거나 전복 1마리를 먹었을 때 몸에 미치는 영향 정도와 비슷해. 몸속 삼중수소는 물의 형태로 존재해서 47퍼센트가 소변으로, 3퍼센트가 대변으로, 50퍼센트는 땀으로 배출될 거래.

각신 우리 유전체가 100밀리시버트에까지 안전하다는 것은 아니고 그 이하라도 끊어질 수 있다는 거야. 물론 일상 생활을 하면서도 세포는 계속 죽고 DNA 일부가 잘못돼도 한두 개 돌연변이쯤은 세포 자체 내 복구 시스템으로 끊임없이 고쳐 주고 있지만, 2개 이상 끊어지면 드물게 암이 발생할 수 있어. 확률적으로 운이 없다면 방사선으로 인해 암에 걸리는 거잖아.

방사선이 약하다고 암을 유발했다는 역학적 근거를 댈 수 없는 상황이 더 기분 나빠. 증명할 수 없어서 복불복이지만 위험 요인을 늘 안고 살아가는 거잖아. 마치 이런 거지. 스트레스를 받는 상황 속에 넣어 놓고 암이 생겼는데 '스트레스를 받지 말았어야지. 이 상황과 암이 무슨 상관이지?' 하면 암이 발생한 나만 손해잖아. 스트레스를 받는 상황을 바꿔야지. 마찬가지로 잠재적 위험성에 대해서 위험성이 없다거나 상관관계가 없다고 해서 근거가 없으니 위험하지 않다고 말할 수는 없어. 정확히 예측할 수 없고 모르면 판단을 유보하고, 불필요한 위험이 발생하지 않도록 하는 방향이 맞는 거지. 잠재적 위험을 감수하고라도 괜찮을 테니 방류한다고 하는 것은 용납이 안 돼.

옥신 한국원자력학회에 따르면 알프스로 처리한 후쿠시마 오염수의 해양 방류로 우리 국민이 받을 수 있는 연간 피폭선량은 0.0000000035밀리시버트야. 국제방사선방호위원회가 정한 음용수 기준인 연간 1밀리시버트의 약 1만 5,000분의 1 수준이니까 사실상 인체 영향은 없다는 뜻이야. 2011년 사고 직후에 현재 오염수 탱크에 저장 중인 방사성물질보다 1,000배 이상 높은 방사성물질이 태평양으로 방출됐지만 우리 해역과 수산물 방사능 농도에는 의미 있는 변화가 없었어. 자연에도 방사능이 있잖아. 공기, 물, 식물, 지하실, 화강암 벤치에도 있어. 장거리 비행기에 탑승한 모든 사람은 흉부 엑스레이를 몇 번 쏟아붓는 거와 마찬가지의 방사능에 노출돼. 그런데 오염수 10리터를 마시면 엑스레이 사진 1번 찍는 수준이니까. 우리가 10리터를 마실 일도 없고.

각신 서로 바꿔서 검사하고 체크하는 교차 검증이 이루어지지 않았고, 반복적으로 검증할 독립적 기구가 없어.

옥신 국제원자력기구 안에서 교차 검증했어. 1차 시료를 도쿄전력의 3개 실험실, 한국원자력안전기술원이 참가한 한국, 미국, 프랑스, 스위스 연구실이 교차 검증했고, 2, 3차는 도쿄전력과 국제원자력기구 3개 실험실과 한국이 참여했어. 1차는 처리수고 2, 3차는 저장된 오염수인데, 1차의 처리수를 방류할 것이기 때문에 1차 시료 분석 결과로 종합 보고서를 발표했지. 일본은 국제원자력기구의 결정을 따른다고 했고 2년에 걸쳐 기구가 최종 발표한 보고서에는 일본의 오염수 방류 계획이 국제 안전 기준에 부합한다고 했어. 그러니 방류할 일만 남았지. 미국도 일본의 방류 계획이 국제 안전 기준에 따른 투명한 결정이라고 했고, 우리나라도 국제원자력기구의 결정을 신뢰한다고 했어. 하지만 우리나라는 후쿠시마산 수산물 수입 금지 조치는 지속하겠다고 했고, 오히려 유럽연합에서 과학적 증거와 국제원자력기구 평가에 근거해 후쿠시마산 식품 수입 규제를 풀기로 한 상태야.

각신 국제원자력기구는 국제기구이기는 하지만 핵발전 추진 기구이고, 판정 기구는 아니야. 독립적이고 객관적이라는 생각이 안 들어. 2023년 비중에 기구 운영에 필요한 예산으로 미국, 중국 다음으로 일본이 7.8퍼센트를 분담하고 있으니 일본 편에서 유리하게 판정한 거 아닐까? 또 미국은 일본에 대해서 핵폭탄을 투하했던 마음의 빚이 있어서 일본 입장에서 찬성하는 거 아닐까?

호주, 뉴질랜드 등 태평양 18개 섬나라가 회원국인 태평양도서국포럼은 독립적 자문단을 구성했는데, 도쿄전력이 제시한 데이터 표본에 핵종 64종 중 9종이 빠져 있고 탱크에서 3분의 1만 측정했다고 대표성이 떨어진다고 했어. 그리고 방사성 오염수는 시간대별, 층별로도 달라질 수 있는데 샘플 채취할 때 위아래로 잘 섞였는지도 모르겠다고 했고. 다른 과학자들은 유기결합 삼중수소가 먹이사슬을 통해 농축되고 해양 바닥에 퇴적되면 세포에 영향을 줄 수 있다고 말해. 알프스가 제거하지 못하는 것은 삼중수소 말고도 탄소-14가 있는데 방사성물질의 독성이 절반으로 감소하는 기간(반감기)이 5,700년 이상이나 된다고 하지. 사고 이후 제거되지 못한 핵연료 잔해가 바다로 흘러가면? 원자로 건물에 또 다른 지진 충격이 발생하면? 알프스 자체가 오작동될 가능성은 없을까? 앞으로 배출될 오염수가 지속적으로 제대로 처리될까? 가장 우려가 되는 것은 변수를 예측할 수 없다는 거야.

목신 변수를 예측할 수 없기 때문에 지속적인 모니터링이 해양 배출의 조건이 되어야 할 거 같아. 앞으로도 정기적으로 배출할 계획이라니까. 그리고 알프스의 흡착 필터가 수명을 다하면 교체해서 폐기물로 처리해야 하는데 제때 잘 교환하는지도 감시해야겠지. 실제 해양 방류를 할 때는 검사를 더 까다롭게 하고 균질하게 섞인 시료를 채취해 방사성 핵종 64종을 모두 검사할 거라고 해. 하지만 방류가 시작되면 일본 분석 결과를 그대로 받아들여야 하니까 이는 국제사회에서 모니터링 방법을 보완해 나가야 할 거 같아. 그리고 국제원자력기구 말고 판정할 수 있는 독립적이고 공신력 있는 기구가 필요하다는 생각이 들어. 방사성물질은 무겁다고 바다 아래로 가라앉는 것은 아니고 표층이나 깊은 바다에서나 농도가 거의 같다고 해. 물론 먼지나 바닷속 다른 입자와 결합해 바다 밑으로 가라앉을 수도 있지만, 세슘 등 방사성물질이 잘 흡착되는 성질이 있지는 않다고 하니까 바다에 퇴적될 거라는 우려는 안 해도 돼. 실제로 12년 전 후쿠시마원전에서 정화가 안 된 고농도 오염수가 유출되었지만, 바다가 희석하고 정화해서 일본 근처 외에는 별다른 문제가 없었어.

각신 퇴적되지 않을 거라는 것도 확률이고 이론에 불과해. 실제로는 2011년 후쿠시마원전 사고가 났을 때 동해안 해저 침전물에서 세슘 농도가 최고치였어. 지금은 예전 수준으로 줄어들고 있지만, 난 이런저런 근거로 자꾸 괜찮다고 이야기하는 것이 오히려 신뢰가 안 가. 그렇게 안전하면 일본에서 농업용수나 공업용수로 쓰면 될 것을 왜 바다에 버리려고 하지? 사람들은 내 의지와 상관없이 벌어지는 일, 불평등하게 상황이 돌아가는 일, 어떻게 해보지 못하고 도망칠 수 없을 때, 과학도 잘 모르고 전문가 사이에서도 의견이 엇갈리는 상황, 미래 세대에도 지속되면서 돌이킬 수 없는 새로운 위험에 대해서 위험 인식 정도가 높아진다고 해. 이런 상황에서 그럴 확률이 낮으니까 안심하라면 그 말이 거짓처럼 느껴져. 본인들이 자체 실험하고 괜찮다고 하고, 기준 정해 놓고 기준 이하니까 괜찮다고 하면 호도하는 것처럼 느껴진다고. 진짜 심각한데 감추거나 누군가의 이익을 보장해 주기 위한 홍보, 겉치레는 아닐까? 하는 생각 말이야. 지금이 딱 그런 상황이잖아. 이제껏 경험하지 못한 상황.

목신 그런 불안 심리로 휘둘리지 말고 알 건 제대로 알고 요구할 건 요구하자고. 제대로 알아야 대처하지. 이런 불안한 상황 속에서 우리나라 수산업이 손해를 보는 것은 마음 아픈 일이야. 위험하고 안 하고를 떠나서 이런 상황을 만든 것에 대해 일본은 자국 수산업자들에게 보상하고 있더라고. 우리도 피해 보상을 일본 측에 요구해야 하지 않을까? 문제가 없는데 왜 보상해 주느냐 하겠지만 일본 자국민에게는 바람처럼 떠도는 소문에 의한 피해 보상 명목으로 생선도 대신 구입하거나 생선 보관 경비도 지원하고 있으니 말이야. 우리나라 수산업의 피해는 일본 때문이니까.

그런데 일본은 오히려 우리나라에 '너희도 더하면 더했지 못하지 않았거든.'이라고 하고 있지. 바다에 오염수를 버리는 거, 사실 이제까지 경험해 보지 못했다는 것은 사실이 아닐 수도 있어. 이미 바다에 핵폐기물을 버려 왔기 때문이야.

각신 맞아. 바다에 핵폐기물을 버려 왔으니 근본적인 문제는 후쿠시마 오염수 문제만은 아닌 거 같네.

목신 핵무기와 핵발전을 보유한 13개 국가는 1946년에서 1993년까지 바다에 핵폐기물을 버려 왔어. 2,000회 이상의 핵실험이나 의료용, 연구용, 핵 산업에서 발생한 폐기물이 20만 톤에 달해. 우리나라도 2022년에 핵발전소에서 배출된 삼중수소만 약 360조 베크렐이야. 여기서 200조 베크렐을 바다로 배출했으니 우리나라가 3~4년 동안 배출한 삼중수소량이 후쿠시마 오염수와 비슷한 상황이야. 일본이 해마다 22조 베크렐을 내보낸다고 한 양보다 많아. 우리나라 5개 원자력 발전소에서 2021년 7월부터 2022년 6월까지 1년간 배출된 삼중수소량은 일본이 연간 배출하겠다고 한 양의 7.14배. 후쿠시마 같은 원자로는 오히려 적은 양의 방사능을 생산한다고 해. 후쿠시마발전소가 가동될 때 삼중수소 배출 한도를 연간 22조 베크렐로 설정했는데, 영국의 헤이샴원자력발전소는 가스 냉각 원자로라서 1,300조 베크렐로 설정할 만큼 많은 삼중수소를 생산하고 있고, 이를 40년 동안 배출해 왔어. 우리도 고리원전에서 2018년 기준 50조 베크렐의 삼중수소를 방출했고, 월성원전에서는 2016년 기준 22조 9,000억 베크렐을 액체로 배출했어. 캐나다 브루스 A·B발전소는 2015년 기준 892조 베크렐, 미국 캘러웨이발전소는 2002년 기준 42조 베크렐, 프랑스 트리카스탄발전소는 2015년 기준 54조 베크렐을 방출했어. 이론적으로 다른 국가 원전에서 나오는 삼중수소 배출량이 후쿠시마원전보다 최대 수십 배 많은 건 사실이야.

각신 월성원전은 폐쇄되었고 후쿠시마는 계속 배출할 거란 문제 야. 그리고 30년간 매년 나눠서 내보내도 총량은 변하지 않는다는 거지. 총량은 780조 베크렐이고 발전소가 완전히 폐로되기까지 더 나올 수도 있는 거고. 일반 원전하고 사고를 겪은 후쿠시마원전하고 비교할 수도 없는데 비교한 것도 말이 안 돼. 우리는 국제적으로 정한 기준에 따라 배출했고, 사고 원전의 오염수를 해양에 대량으로 방출하는 건 이제까지 없던 일이잖아. 체르노빌원전도 아직 폐로가 완료되지 않았는데 후쿠시마원전 폐로는 100년이 더 걸릴 수도 있는 일이야. 장기간에 걸쳐서 원전 오염수를 해양에 방류했을 때 어떤 일이 벌어질지 우려스러워.

 옥신 방금 네가 이야기했던, 우리가 핵폐기물을 버리는 건 '국제적으로 정한 기준'이라는 이야기 말이야. 이제까지의 논리대로라면 그것도 하면 안 되지 않아? '기준치 이하니까 괜찮다, 아니다.'로 논하다가 지금은 '누가 더 많이 배출했는가, 농도냐 양이냐, 나는 괜찮고 너는 안 되고, 너도 했으니 나도 할 거다.'라는 논리로 옮겨 왔을 뿐이야. 논리만 바뀌었을 뿐 핵폐기물을 바다에 버려도 되는 것을 가정하고 싸우는 이런 논리에서 이제는 벗어나야 할 거 같아.

각신 그러네. 이건 핵폐기물과 핵발전소가 가지고 있는 근본 문제라는 생각이 든다. 사실 핵발전소를 가졌다면 어떤 나라라도 겪을 수 있는 일이고, 한번 사고가 나면 전 세계가 감당해야 하는 몫이 되는구나. 국제 기준에 의해 핵폐기물을 방출해도 된다며 버려 왔다면 이제까지 내 논리대로라면 바다는 이미 심각하게 오염되었다는 뜻이고. 핵발전을 계속하면 핵폐기물을 바다에 계속 버려야 하거나, 아니면 지구 어딘가

묻어야 하겠지. 사고라도 나면 어휴, 이거야말로 예측할 수 없는 위험성을 잠재하고 있구나. 이것은 일본만의 문제는 아닌 거 같아. 핵발전은 결국 미래를 책임질 수 없는 기술이야.

방사능 범벅 생선구이를 먹게 될까?		
	옥신	각신
방사능 영향과 기준	• 자연에도 방사능은 있다. • 걸러지지 않는 삼중수소의 양은 하늘에서 내리는 자연스러운 비에 있는 방사능보다 양이 적다. • 우리나라까지 오염된 해류가 오는 데는 오랜 시간이 걸리며 다 희석된다.	• 시뮬레이션은 변수를 예측할 수 없다. • 실험 결과값은 어디서 어떻게 했느냐에 따라 달라진다. • 물고기는 해류와 다르게 일본 앞바다에서 우리나라 바다로 출몰할 수 있다. • 생물에서는 방사능이 희석되는 것이 아니라 농축될 수 있다.
	• 처리수는 기준보다 방사능 수치가 미미하다.	• 기준이라는 것은 변하고 나라마다도 다른데, 일본이 만든 기준치를 신뢰할 수 없다.
	• 국제방사선방호위원회의 음용수 기준치보다도 낮고, 식품에 포함된 방사선 기준치보다도 낮다.	• 피폭당하지 않을 권리가 있는데 기준치보다 낮다고 괜찮다고 강요할 수는 없다. • 방사능이 유출돼서 우리에게 좋을 것은 하나도 없다.
	• 어차피 방류할 것이니 괜찮다고 말하고 싶다. • 인체에 유해할 확률이 낮다. • 이전에 더 강한 농도로 배출되었을 때도 문제는 없었다.	• 확률은 중요하지 않다. • 그 적은 확률이 나에게 영향을 미치면 치명적인 100퍼센트가 된다.
신뢰성과 객관성, 과학적 사실에 대한 해석	• 국제원자력기구에서 교차 검증을 했다. • 우리나라와 유럽을 포함한 많은 나라들이 결과에 대해 신뢰하고 있다.	• 교차 검증이 없었다. • 국제원자력기구는 평가 기관이 이니므로 신뢰할 수 없다. • 태평양도서국포럼은 도쿄전력이 준 자료의 대표성과 객관성을 의심하고 있다.

신뢰성과 객관성, 과학적 사실에 대한 해석	•변수를 모니터링하며 통제하면 된다.	•변수를 예측할 수 없다.
	•방사성물질은 침전될 확률이 거의 없다.	•해저에 방사성물질이 침전될 수 있다.
	•제대로 알리고 노력하고 요구할 것은 요구하자.	•신뢰할 수 없다. 통제할 수 없는 상황, 피할 수 없는 상황, 경험해 보지 못한 상황이 불안하다.
핵발전으로 인한 문제	•우리나라를 포함해 이미 다른 나라도 핵폐기물을 더 높은 농도로 버려왔다.	•일반 원전과 사고 원전을 비교할 수 없다. •방사능 총량을 따져 봐야 한다.

•핵발전이나 핵무기를 다루면 발생하게 되는 핵폐기물 문제는 지금의 후쿠시마 오염수 문제로만 한시적으로 바라봐서는 안 된다.
•앞으로도 이런 일은 계속 벌어질 수 있고 근본적인 문제를 생각해 봐야 한다.

나오며

옥신각신의 토론이 후쿠시마 오염수에서 핵 에너지 문제로 확장된 것 같군요. 문제는 핵발전이나 핵실험을 한다면 앞으로도 이런 일은 계속 생길 수 있다는 거죠. 핵발전소는 우리나라에만 21기가 가동 중이고 세계적으로는 32개국에서 422기를 운영하고 있어요. 더 나아가 18개국에서 57기를 건설 중이죠. 이 중 1기라도 문제가 생기면 후쿠시마 원전 사고와 오염수 방류 같은 문제처럼 인류의 건강과 먹거리는 계속 위협을 받겠죠.

다음 질문에서 하나의 주제를 선택해 보세요. 친구들과 자유롭게 대화를 나눠도 좋고, 가능하다면 큰 종이에 주제를 쓰고 편하게 낙서하

듯이 끄적이며 질문에 대한 최선의 답을 함께 찾아보세요. 친구들과 머리를 맞대고 이야기를 나누다 보면 생각에 생각을 더하며 뜻밖의 좋은 방안이 도출되는 것을 경험하게 될 거랍니다.

"앞으로 발생할 핵폐기물과 방사능 물질에 대한 기준을 마련하고 중립적인 평가를 해줄 국제적 대표 기관이나 과학자 집단이 필요할까요? 필요하다면 평가단을 어떻게 구성하면 좋을까요?"

"후쿠시마 오염수 방류 시, 계속 모니터링하며 교차 검증해줄 독립적인 전문가 집단이 필요할까요? 필요하다면 이 역할을 어디에 맡겨야 공정할까요?"

"새로운 위험에 대해 국민의 불안을 해소해 주고 해결책이 과학적이라는 신뢰를 주기 위해 정부는 어떤 노력을 해야 할까요?"

"전문가들 사이에도 의견이 엇갈리는 상황이 발생할 때, 시민은 정보에 대해 어떤 자세를 취해야 할까요?"

"우리나라 수산물 먹거리의 안정성을 확보하고, 우리나라 수산업을 보호하기 위해 어떤 노력이 지속적으로 이루어져야 할까요?"

더 생각해 보기

핵발전소 가동을 멈춘 이유

독일 시민들의 탈원전 운동은 1970년대에 시작되었어요. 1962년 상업용 원전 건설에 반대하는 주민들의 집회를 시작으로, 1975년에 건

위) 후쿠시마 오염수 방류를 승인한 IAEA와 방류에 반대하는 일본 시민들.

아래) 폐쇄된 후쿠시마 원자력 발전소 옆의 수많은 오염수 탱크들.

설 중단을 이끌어 냈어요. 1979년 미국 스리마일섬 핵발전소 사고를 계기로 20만 명이 넘는 시민들이 안전한 사회를 위한 탈원전을 요구했고, 1986년 우크라이나 체르노빌 핵발전소 사고로 시민 운동은 한층 고조되었죠. 이를 계기로 독일은 2000년에 탈원전에 대한 사회정치적 합의가 이뤄졌고, 2002년 원자력의 단계적 폐지를 선언하고 법을 만들어 재생에너지를 확대하기로 했어요. 2011년 후쿠시마 원전 사고 이후 독일에서는 또 한 번 원전 안전성에 대한 논의가 진행되면서 가장 오래된 원자로 8기의 가동을 중단했고, 2038년까지 연장하려던 원전의 폐지를 2022년 말로 앞당겼습니다. 우크라이나 전쟁으로 인한 전력 부족에 대비해 원전 3곳을 약 3개월간 연장 운전한 뒤, 드디어 2023년 4월 15일 원자로 가동을 모두 멈추고 재생에너지 시대를 선포하게 되었죠. 독일은 완전한 탈원전 국가가 되었어요. 독일은 왜 핵발전을 멈추고 탈탄소 에너지원인 재생에너지를 택한 것일까요?

첫째, 원자력은 기후 위기에 적합하지 않기 때문이죠. 가뭄으로 강에서는 냉각수 공급이 어렵고 해안에서는 해수면 상승과 더 사나워진 파도로 후쿠시마와 같은 사태가 일어날 수 있어요.

둘째는 재생에너지가 원전보다 비용과 시간 면에서 효율적이기 때문이죠. 국제에너지기구IEA에서 발표한 2040년 유럽의 에너지 발전원별 균등화발전비용LCOE 전망을 비교했을 때, 원자력은 1Mkh당 110유로이지만 풍력과 태양광은 각각 65유로입니다. 네덜란드의 한 연구 기관에 따르면 원전 건설 비용은 약 100억 유로이며 완공까지 최소 11년이 걸린다고 해요.

마지막으로 핵폐기물 처리 때문이죠. 국제원자력기구IAEA는 2016
년 기준으로 전 세계에 사용 후 핵연료 약 26만 톤이 주로 원자로 부
지에 보관되어 있고 이중 약 70퍼센트는 저장 수조에, 나머지는 콘크
리트 및 강철 용기에 보관되어 있다고 밝혔어요. 이 상태를 무한정 유
지할 수는 없죠. 현재 핀란드와 스웨덴 정도에서만 고준위 폐기물 처
리에 대해 대책을 세우고 있어요. 나머지는 특별한 대책이 없는 상태
입니다. 핀란드의 '온칼로(동굴)'는 20억 년 된 안정되고 단단한 암반
을 가지고 있고 온도도 일정하게 유지돼요. 지진 위험도 없고요. 이 정
도는 되어야 지하 450미터까지 터널을 뚫어도 방사능으로부터 안전해
요. 이런 장소를 또 찾을 수 있을까요? 20년에 걸쳐 약 10억 유로(우리
돈 1조 4000억 원)를 들여 지어진 이곳은 총 5,500톤의 폐기물을 저장
할 수 있는데, 저장고가 차기까지 100~120년이 걸릴 거예요. 다 채워
지면 시설 전체를 봉인해 최소 10만 년 이상 격리해야 해요. 이런 장
소와 엄청난 비용, 엄청난 시간, 최신 공학적 기술까지 다 갖춰야 핵폐
기물을 처리할 수 있어요. 이런 대책이 없다면 우리는 미래 세대에 위
험한 핵쓰레기를 넘겨 버리는 것입니다.

나라마다 현재 놓인 사정은 다르겠지만, 우리는 먹거리 오염과 우리
의 건강을 넘어 지구와 생태계의 미래를 생각하며 원자력발전의 방향
을 다시 고민해야 해요.

5. 다섯 번째 토론

스마트팜은 지속 가능한 농업이 될 수 있을까?

#스마트팜 #토양의 탄소 흡수와 배출 #직파법
#무경운 농법 #지속 가능한 농업

들어가며

스마트팜은 인터넷과 연결된 컴퓨터나 스마트폰으로 시간과 장소의 제약 없이 언제 어디서나 농사 환경을 관측하고 원격으로 제어 관리하는 농장을 말해요. 농부 개인이 여러 시행착오를 겪으며 경험과 감각에 의존하던 결정을 빅데이터와 인공지능의 도움으로 작물, 날씨, 토양 조건, 가축 상태 등에 대해 객관화한 자료로 결정하게 됩니다. 이런 기술을 비닐하우스, 축사, 과수원, 양식장에 접목해요.

스마트팜의 운영 원리는 생육환경 유지 관리, 환경 정보 모니터링,

자동원격 환경 관리로 나눌 수 있어요. 생육환경 유지 관리란 온실, 축사 내의 온도, 습도, 이산화탄소 농도 등 생육 조건을 자동으로 설정하는 것을 말해요. 환경 정보 모니터링은 온도와 습도, 일사량, 이산화탄소, 생육환경 등에 관한 자동 수집이지요. 자동원격 환경 관리란 냉방기, 난방기 구동, 창문이 열리고 닫히는 정도, 이산화탄소와 영양분이나 사료 공급을 자동으로 관리하는 시스템을 말합니다. 즉, 생육환경과 주변 환경 정보를 센서를 이용해 파악해서 자동으로 관리하는 원리죠.

예를 들어, 자동화된 파종 시스템은 센서와 GPS를 이용해 최적의 파종 깊이와 간격에 맞춰 정확히 파종합니다. 자동화된 급수 시스템은 날씨와 토양을 분석하는 센서를 이용하여 작물이 필요로 하는 시기에 맞춰 적정량의 물을 공급해 결과적으로 과도한 물 사용을 줄일 수 있어요. 자동화 비료 시스템은 센서를 이용하여 각각의 식물이 필요로 하는 최적의 시기와 적절한 양을 찾아 공급합니다.

양식장에도 적용할 수 있어요. 노르웨이의 한 대규모 양식장은 1~2명의 전문 인력이 비상 상황에서만 대응하고, 평소에는 프로그래밍한 자동 사료 기계로 사료가 공급되는 스마트 양식장이에요. 도시 중심에 있는 데이터 전문가들이 양식장을 실시간 데이터로 분석하여 현장에 통보하는 원격 시스템으로 운영되죠. 자동 사료 기계는 양식 수산물의 특성이나 먹이 섭취 방법에 따라 양식장 물고기의 움직임, 섭취 상태, 사료 효율을 실시간 데이터로 누적해 맞춤형으로 사료를 줍니다. 시간에 맞추어 일정량의 사료를 주는 자동화 기계와는 차별성이 있어요.

축산업에 적용된 사례를 살펴보면, 일본은 전자 태그를 활용한 소

관찰 시스템으로 정확한 분만 시기를 예측합니다. 네덜란드에서는 로봇이 젖소의 우유를 짜고 축사의 배설물과 쓰레기를 청소합니다. 독일은 원격으로 액상 사료 시스템을 조절하고, 벨기에는 이미지 프로세싱 기술과 패턴 인식 기술로 돼지의 위치와 행동을 관찰해요. 또 벨기에는 음향 분석 기술을 이용해 고기가 될 닭이 모이 쪼는 소리를 개별적으로 감지해 사료 섭취량을 예측하고 있어요. 미국은 돼지의 섭식 행동을 분석해 성장률과 질병 상태를 식별하고 있고, 대만은 열화상 시스템을 이용해 계란의 온도 측정으로 손상된 알을 식별합니다. 이처럼 스마트팜은 세계적으로 다양하게 활용되고 있죠.

우리나라는 2014년부터 한국형 스마트팜 모델을 개발하고 보급하기 위해 정부가 적극적으로 연구 개발을 지원하고 있어요. 2018년부터는 '스마트팜 혁신 밸리' 조성을 정책 과제로 추진하고 있고요. 국비와 민간 자본을 투자해 K-Farm, K-디지털 농업이란 이름으로 수출도 하고 동남아 지원 사업도 할 계획입니다. 반면 친환경 농업 관련 예산은 축소되었어요. 스마트팜이 농업 기술을 고도화하고 농업 인구 고령화에 대비해 청년 농업인을 육성하고 일자리를 창출할 수 있다고 보는 거죠. 이렇게 정부가 주도해 스마트팜을 추진하는 것이 농촌을 살리는 일이 될까요? 또한 스마트팜이 앞으로 지속 가능한 농업의 형태로 자리 잡을 수 있을까요? 옥신각신의 이야기를 들으면서 생각을 정리해 보도록 해요.

옥신 우리나라에 스마트팜을 도입한 지 1년이 된 2018년에 150개 표본 농가를 대상으로 설문조사를 했는데, 단위 면적당 생산량이 31.1퍼센트 올랐고 1인당 생산량은 21.1퍼센트 증가했다고 해. 품질도 향상되고 소득도 올랐다고 하니, 농가 전체에 보급되면 좋겠어.

각신 에너지 비용을 보면 3.3제곱미터당 6,080원에서 6,100원으로 0.3퍼센트가 증가했어. 온도 조절과 운영을 위해 등유나 LPG, 전기 등을 사용하는데 에너지 소비가 커. 스마트팜 운영에 에너지가 많이 들어가는 걸 보면 기후 위기 시대에 적합한 방식이 아닌 거 같아.

옥신 기후 위기 시대에 오히려 필요하지 않을까? 기후 변화로 인해 폭염, 가뭄, 홍수, 냉해 같은 이상기상 현상이 빈번하게 발생하고 있어. 노지에서 생산되는 작물의 생산량이 감소하고 품질이 저하되는 일이 앞으로 더 많이 일어나겠지. 잦은 기후 변화는 농부의 경험에 따른 대응으로는 대처하기 어려워지고 농가의 경쟁력도 떨어질 거야. 빅데이터를 활용하면 기상과 토양 상태를 예측해서 농민의 의사 결정을 지원할 수 있어. 스마트팜은 기후 변화에 대응하는 기술이 될 거야.

각신 우리나라의 스마트팜은 유럽식 물 소비 감축, 탄소 배출 감소 등이 목적이 아니고 기술을 통해 생산과 새로운 일자리 창출 효과를 얻으려는 것에 치중되어 있어.

옥신 우리나라는 저출산, 고령화가 심각해. 2015년에 260만 명이던 농업 인구가 2030년에는 169만 명으로 약 35퍼센트 감소할 거라고 해. 그리고 농촌의 평균연령은 67살을 넘었어. 고령화되는 농촌에서 노동력이 부족해지고 있는데 스마트팜은 노동력이 많이 필요하지 않고 생산성은 늘어나기 때문에 시급한 문제를 해결하기 위해서라도 스마트팜은 확산되어야 해.

각신 현재의 농촌이 고령화되어 있는데 스마트팜을 확산한다는 것은 더 어려운 문제 아닐까? 정보통신 기술이나 원격제어 장치 등에 대한 교육이 필요하고 기계 오작동으로 인해 생기는 위험은 항상 노출되어 있는데, 연령층이 높은 농업인이 그런 변화를 받아들일 수 있을지 의문이야.

옥신 미래를 위해서 대비해야 해. 농촌의 고령화를 막기 위해서라도 지속 가능한 농업을 유지하려면 청년 농업인을 육성하고 농촌을 첨단화시켜서 일자리를 많이 만들어야지.

각신 농촌을 첨단화시키는 것이 지속 가능한 농업일까? 스마트팜은 우리나라의 현실과 잘 맞지 않아. 대규모 시설에 적합한 거대한 장치야. 우리나라의 비닐하우스는 하나의 동으로 이루어진 소규모가 대부분이고 이어져 있는 비닐하우스는 전체 면적의 15퍼센트에 불과해. 스마트팜을 비닐하우스가 아닌 노지(지붕 따위로 덮거나 가리지 않은 땅)나 밭에서 운영하기에는 효율이 떨어져. 우리나라의 밭은 경지 정리가 잘되어 있지 않고 규모가 작아. 또, 산이 많은 우리나라 특성상 경사진 곳도 많아.

옥신 참외, 수박같이 소규모 비닐하우스 재배에 적합한 작물은 창문 자동개폐 등 단순한 원격제어 설비만 갖추도록 하고, 파프리카나 토마토처럼 규모가 큰 온실은 자동화 설비를 통해 복합 환경제어를 고려한 지능형 제어 시스템을 갖추는 식으로 맞춤형으로 지원하면 된다고 생각해.

각신 아무리 맞춤형 지원을 해도 스마트팜 재배 작물이 제한적 이야. 노지에 자라는 작물, 밭에 자라는 작물 전체를 스마트팜으로 바꾸는 건 비효율적이고, 비닐하우스에서 재배하는 것에는 토마토, 국화, 파프리카, 방울토마토, 시설 포도, 딸기 등으로 작물이 몇 가지 안 돼. 밭에는 그보다 더 다양한 품목이 재배되고 있는데 기계화와 자동화 재배 기술을 적용하는 것은 어려워. 아직은 정보통신 기술로 일부 작물의 병충해를 관찰하거나 물을 대 주는 정도야. 스마트팜을 농촌을 대표하는 혁신산업으로 추진하는 건 무리가 있어. 그보다는 농업에 필요한 보편적인 방식으로 지원해야 한다고 생각해. 기존에 하던 것을 보완하고 살리는 방식으로.

 옥신 여러 형태의 스마트팜이 있어. 식물 공장으로는 LED 인공광을 이용한 도심 한가운데 빌딩 농장, 남극 세종기지의 컨테이너형 식물 공장, 면적의 활용을 극대화한 수직형 식물 공장, 병원의 환자식과 맞춤형 건강 식단 제공을 위한 폐쇄형 식물 공장 등이 있어.

각신 그런 것들은 높은 시설 투자 비용을 회수하기 어려워서 연 구용 이외에는 확산되지 않을 거야. 보급하기에는 일단 비용 문 제가 가장 큰 걸림돌이야. 정부가 지원해 줘도 농민 입장에서 시 설 투자를 해야 하는데 이 기술로 생산성이 높아진다고 해도 투자한 만큼 나올지 확신할 수 없거든. 노지에서 생산한 상추와 스마트팜에서 생산한 상추의 생산비를 비교해 봐. 그냥 땅에 심고 햇빛 아래 물 주고 잡초만 제거하며 생산한 상추와 불필요하게 시설 설치하고 배양액도 사고 LED 조명 밑에서 원격으로 제조하고 정보통신망과 연결해 물 주면서 생산한 상추는 가격이 다를 텐데, 조금만 손보면 잘 자라는 상추를 그렇게 키울 리 없지.

목신 스마트팜은 노지에서 생산할 수 없는 시기나 환경에서도 생산할 수 있어서 경쟁력이 있어.

각신 그건 지금의 온실에서 수동으로도 할 수 있고, 생산비가 높은 것도 문제지만 초기 구축 비용이 진짜 많이 들어가잖아. 그 많은 센서와 또 원격 시스템 말이야. 무엇보다 흙이 아니라 배양액을 사용하고 있어. 소비자들이 시설 비용이 많이 들어간 스마트팜 상추를 높은 가격을 지불하고 구매하지는 않을 거야.

목신 지금은 초기 단계라서 비용이 많이 들어가지만, 대규모가 되면 달라질 거야. 그래서 확대 보급하려고 하는 거고.

각신 국가 차원에서 또 하나의 거대한 장치 산업을 농촌을 토대로 육성한다는 생각이 들어. 정말 농촌을 위하는 일이 아니라는 생각이야. 농민 입장에서는 여러 부담이 있을 수 있어. 자동화나 센서의 불안정성이 문제가 될 수 있어. 시스템이 제대로 작동하면 언제 어디서든 창문 개폐, 작물에 물 주기, 환풍기 돌리기를 원격으로 제어하겠지만 자동화에 온전히 맡겼다가 잘못되면 어디에 책임을 물어야 할지도 불분명하고, 자동화 오류가 발생할 때 사고의 위험을 감수하면서 농사를 지어야 하거든. 보상 대책이 있는 것도 아니고. 센서도 마찬가지야. 눈이나 비 등 여러 상황에서도 정상적으로 작동해야 하는데, 비를 인식하는 센서에 이슬이 맺혀 비가 내린다고 판단해서 잘못된 데이터를 생성하면 이런 오류 데이터로 학습한 인공지능의 판단에 대해서도 신뢰할 수 없게 되겠지.

목신 농촌을 첨단화, 고도화시키는 것이야말로 농촌을 위하는 일이야. 우리나라는 인터넷 강국이야. 인터넷 기술과 소셜 네트워크 발달로 소비자의 편의성, 다양성에 대한 요구가 증가하고 있어. 작물 등을 맞춤형으로 생산해서 제공하려면 디지털화가 되는 것이 효율적이야. 어떤 문제점이 생긴다면 보완하면서 수확량을 늘리고 고품질 농산물을 안정적으로 생산할 수 있도록 정밀 농업 기술을 중심으로 스마트팜을 보급하고 실용화해 나가려고 노력해야 할 거야.

각신 농사는 자연환경의 영향을 많이 받는데 작물 생산에 필요한 환경을 인위적으로 조정해서 안정적으로 생산할 수 있다고 생각한 것이 스마트팜이야. 그러려면 몇 가지 조건이 필요해. 원활 한 전기 공급이 되야 하는데 자연재해로 침수나 산사태 등 정전이 되면 안정적인 관리가 어려워져. 또 인터넷 강국인 점, 정보통신 기술은 장점이 될 수도 있지만 단점이 될 수도 있어. 그건 도시에서도 마찬가지 문제지만 여러 대의 CCTV로 작물을 관찰하는데 이게 해킹된다면 농민들의 사생활이 노출될 수 있어. 원격제어의 장점도 있지만 관리자가 너무 멀리 떨어져 있으면 생산물 도난의 우려도 있고. 누군가 고의로 시스템을 망가뜨려도 문제지. 앱으로 관리하는 것도 장점이지만 앱이 해킹당해도 문제가 심각해져.

목신 해킹에 대한 우려는 어디에나 존재하지만 그런 우려로 스마트팜의 보급을 막아서는 안 된다고 생각해. 무선인터넷을 이용한 실시간 정보의 전달, 인공지능을 활용한 빅데이터 분석과 의사결정 지원, 사물인터넷과 인공지능을 이용한 무인 로봇 자동화 기술로 농업의 생산성과 품질이 높아질 것이고 전체적으로 농업인의 삶의 질이 향상될 가능성이 커.

각신 스마트팜을 막는 것은 아니고, 스마트팜 보급에만 노력하다 보면 보급이 많아질수록 문제점이 부각될 거고, 이를 해결하지 못 하고는 정착도 어려워질 것이기 때문에 신중하게 고려하자는 거 야. 한국의 농업 구조와 농업계의 수요를 고려했을까? 한국의 자연, 기후, 지 역적 특성이 고려된 정책일까?

　인공지능을 활용한 빅데이터를 분석한다고 했지만 빅데이터 자료를 무조건 신뢰하기 어려운 이유는 지역마다 날씨나 작물 특성이 다르다는 거야. 우리나 라 농지는 규모가 크지 않기 때문에 빅데이터가 쌓이기 어려워. 또 데이터가 현재로서는 부족해. 최고의 품질과 생산량을 내려면 재배 환경 데이터가 먼저 확보되어야 하는데, 현재는 소수만 참여하고 있고 데이터를 공유할 인센티브 가 충분하지 않으니 자료 축적이 안 되고 있어. 사용하는 센서들도 표준화되어 있지 않다면 그런 데이터를 다른 농가에서 적용하기도 어려울 테지.

　이 산업은 규모가 큰 낙농국가나 농지가 넓은 다른 나라에서 대규모로 국 가적 차원에서 센서나 장치를 표준화시켜 운영하지 않는다면 정착이나 확대 가 어려워 보여. 그냥 시범 단지나 밸리 정도 건설하고 끝날 거 같거든. 우리 나라에 접목하는 것이 효율적으로 보이지 않아. 우리나라는 주로 벼를 생산하 잖아. 벼를 스마트팜에서 재배할 필요가 있을까?

목신 벼에 대해서는 지역별 빅데이터를 활용해서 특화된 생산과 영농 정보 서비스를 제공하려고 하더라고. 벼 재배 관련 지역별 데 이터베이스를 구축하고 농가별로 빅데이터로 수량을 조기 예측하 는 서비스를 제공하는 거지. 그리고 드론을 활용한 직파(씨를 논에 직접 뿌려 농사를 짓는 방법) 기술, 방제 기술을 진행할 수 있어. 마늘, 배추, 고추, 무, 양파 같은 노지 채소도 수분 함량에 따라 물을 주는 식으로 투입 자원은 최소화하고 생산량은 최대화하는 정밀 농업을 시도하고 있고. 꽃이 필 때, 냉해 피해를 막기 위해서 기상 예측 모델을 활용하고, 과수원에는 제초 로봇을 투입하고 로봇 작업이 편한 미래형 과수원을 설계해서 개발하려고 하고 있어.

각신 신기술을 도입하려는 목적만이 아니라 그렇게 하고자 하는 철학이 있으면 해. 왜 그렇게 하려는지 말이야.

옥신 정부 정책을 보면 장기적으로는 K-팜k-farm을 수출 산업으로 육성하고 K-디지털 농업의 형태로 동남아 지원 사업을 추진하는 것을 목표로 하더라고. 네가 생각하는 철학은 뭔데?

각신 국가 성장과 수출 목적 외에도 스마트팜을 확대 보급하려고 하는 철학이 우리나라의 농업을 향해 녹아 있냐는 거야. 말하자면 우리나라만의 지속 가능한 농업은 어떻게 실현하면 좋을지에 관한 생각이나 방향이 있어야 할 거 같아.

옥신 지속 가능한 농업에 대해서 어떻게 생각하는데? 농업이 발달해서 성장하고 수출하면 지속 가능한 농업이 되는 거 아닐까? 이제 농수산 노동력이 감소하고 있고 시장 개방으로 세계 모든 농업인과 경쟁 상태에 놓이게 되었어. 농촌의 고령화와 일손 부족, 기후 변화로 인한 영농 여건의 변화, 농산물 가격의 불안전성에 따른 생산과 소득의 불일치 문제가 심각해지는데, 토지와 노동에 의존하던 지금까지의 농업 방식으로는 지속적인 성장이 어려워. 체계화된 첨단 농업으로 전환이 필요한 시점이야.

각신 농업은 기후 위기의 피해자이면서 해결자이기도 해. 세계 탄소 배출량에서 먹거리의 생산, 가공, 유통, 소비, 폐기에 이르는 농업 먹거리 체계의 배

출 비중은 약 26퍼센트에서 34.6퍼센트야. 지속 가능한 농업, 지속
가능한 먹거리로의 전환은 기후 위기 대응에 핵심 영역이라고 할
수 있어. 우리나라 농지 면적당 온실가스 배출량으로 보면 1헥타
르당 12.41톤으로 OECD 1위(2014년)에 해당해. 농사짓는 방법, 낭비되고 버
려지는 식품을 줄이는 방법, 숲과 토양 탄소 흡수원을 관리하는 방법 등에서
많은 변화가 필요한 때야. 농업은 생물 다양성 향상, 필수 영양소 공급, 식량
안보 향상 등에서 중요하게 다뤄져야 할 영역이야. 그리고 농민과 농업 공동
체를 어떻게 유지해야 하는지에 대한 논의가 탄소 중립과 동시에 추진되어야
할 거야.

  그런데 최근 2023년 4월 정책에서 '2050년까지 친환경 농업 면적을 전체
경지 면적의 30퍼센트까지 확대' '학교 급식, 로컬 매장, 대형 유통업체 온라
인 마켓 등을 통해 친환경 농업 시장 확대' '저탄소 농법 보급, 로컬푸드 확대,
식생활 교육 강화를 통해 소비 단계에서 버려지는 음식물 쓰레기 감소'에 대
한 정책 내용이 농식품 탄소 중립 추진 전략에서 삭제되었어. 반면 같은 시기,
6개 시범 단지에 스마트 양식 기술을 2,400억을 들여 건설하고 있어. 미국의
유기농업 연구 기관인 로데일연구소에 따르면, 유기 농업의 온실가스 배출량
은 관행 농업 대비 40퍼센트를 감소할 수 있다고 해. 유럽연합은 농업 예산의
40퍼센트를 기후 위기 관련 영역에 사용하고 있고, 2050년까지 유기농 비율
을 25퍼센트까지 확대하려고 하지. 우리나라의 유기농 비율은 2.6퍼센트(2021
년)에 불과하지만, 산업형 농업에만 중점을 두고 정작 중요한 유기농이나 친
환경 먹거리에 대한 정책이나 지원이 약하다는 생각이 들어. 지속 가능한 농
업은 생태계를 파괴하지 않으면서 모두에게 건강한 먹거리를 제공하는 거라

고 생각하는데, 생태적 농업보다 산업형 농업에 치중한다는 면에서 스마트팜이 지속 가능한 농업이 될 수 있을지 의문이야.

목신 스마트팜으로 물을 더 적게 사용하고 자원 순환을 높이고 비료 사용을 줄이면서 농업 생태계의 복원력을 높여야 하겠지. 스마트팜은 농약 사용을 하지 않고 정밀 농업으로 물 관리를 해. 아쿠아팜 형태도 있어. 식물 재배에 사용된 물을 이용해 물고기를 키우고 그 물을 다시 순환해 식물 재배에 사용해서 물과 양분의 외부 배출이 없는 순환식 생산 시스템이야. 이처럼 자원을 순환하는 여러 모델도 있어.

각신 그런 것을 설치하고 작동하는 큰 비용과 많은 에너지가 들어가지. 철거하면 그건 다 산업 폐기물이 될 거야. 또 하나의 거대한 쓰레기가 될 수 있어. 스마트팜은 친환경은 아니야. 농약 사용 을 하지 않지만 흙이 아닌 배양액을 사용하니까 유기농이라고도 할 수 없고, 유지하는 데 들어가는 에너지를 생각하면 탄소 중립하고는 거리가 멀어. 유럽은 2030년까지 비료를 20퍼센트 감소하고 농약 사용량을 50퍼센트 감소하기로 했어. 반면 우리나라는 비료 사용량이 미국의 2배이고 농약 사용량이 캐나다의 10배에 달해. 이런 근본적인 문제를 해결하면 좋겠어. 기술을 통한 산업 육성을 아예 하지 말자는 건 아니고 기술로 모든 것을 해결할 수 없다고 이야기하고 싶어.

목신 스마트팜 등 첨단 정밀 농업과 유기 농업 기술을 적절히 적용해야겠다는 생각이 들어. 물과 비료 등 자원 사용 기술을 최적화해 환경부하는 줄이면서 생산성을 높이는 방향으로 말이야. 그리고 우리나라에 맞는 지속 가능한 농업에 대해서 같이 고민해 보자.

스마트팜은 지속 가능한 농업이 될까?

	옥신	각신
스마트팜 사례 분석	• 스마트팜을 해본 결과 생산량이 증가했다.	• 스마트팜은 에너지가 많이 들어간다.
기후 위기 시대의 적합성 여부	• 정밀 농업 등으로 물 사용량을 조절할 수 있고 비료를 필요에 따라 정확히 줄 수 있어 기후 위기 시대에 적합한 기술이다. • 아쿠아팜 같은 형식은 물의 순환을 이용해 작물과 물고기를 동시에 키울 수 있다.	• 기후 위기를 줄이기 위한 기술이 아니라 기후 위기 상황에 적응하는 기술이다. • 에너지 사용량이 많기 때문에 기후 위기 시대에 탄소 중립과는 거리가 먼 기술이다.
고령화된 농촌에 대한 적합성 여부	• 농촌이 고령화되어 가고 있어서 노동력이 부족해지므로 청년 농업인을 육성하고 새로운 일자리를 만들기 위해 첨단 산업을 농촌에 도입해야 한다.	• 스마트팜 목적이 새로운 일자리 창출과 수출용이다. 친환경적 목적이 배제되어 있다. • 고령화된 농촌에 신기술을 교육하고 사용하라고 요구하는 것은 무리가 있다.
우리나라의 특성과 적합성 여부	• 스마트팜에도 여러 형태가 있어서 맞춤형으로 추진할 수 있다.	• 우리나라 특성상 소규모 밭과 노지, 벼농사가 대부분이다. • 한 개 동으로 짜인 비닐하우스가 많은데 스마트팜은 대규모 농장에 효율적인 시스템이다.
스마트팜의 장단점	• 스마트팜은 노지에서 생산할 수 없는 시기나 환경에서도 생산할 수 있어서 경쟁력이 있다.	• 높은 시설 투자로 연구용으로는 가능해도 보급하기에는 어려움이 있다. • 같은 작물에 대한 생산 단가에 차이가 있어 경쟁력이 떨어진다.
	• 스마트팜은 고품질 농산물을 안정적으로 생산하고 인터넷과 소셜 네트워크를 통해 소비자의 다양한 요구에 맞춰 생산할 수 있다.	• 스마트팜은 자동화나 센서의 불안정성이 문제가 될 수 있다. 안정된 전기 공급이 필수인데 침수나 산사태로 끊길 수 있다. • 다양한 전자기기에 대한 해킹, 도난 등 문제가 있을 수 있다.

	• 벼의 경우 지역별 데이터를 구축하려고 한다. • 드론이나 로봇을 다양한 작물 재배에 활용하고자 한다.	• 스마트팜에 필요한 빅데이터 자료가 부족하고, 데이터의 오류나 적합하지 않은 정보로 인공지능 처리에 대한 불신을 가져올 수 있다. • 센서가 표준화되지 않으면 데이터를 다른 농장에서 적용하기 어렵다.
지속 가능한 농업의 정의	• 지속 가능한 농업은 체계화된 첨단 농업으로 생산성을 높여 농가의 소득을 올리고, 해외에도 수출할 수 있을 정도의 기술력으로 지속적인 성장을 도모하는 것이다.	• 지속 가능한 농업은 탄소 배출을 줄이는 유기농. 친환경 농법. 생태 농업을 연구하고 농업 공동체를 유지하는 것. 생태계를 파괴하지 않으면서 모두에게 건강한 먹거리를 제공하는 것이다.

나오며

우리나라에 맞는 지속 가능한 농업은 무엇일까요? 먼저 옥신과 각신 두 사람이 생각하는 지속 가능한 농업이 서로 다른 것을 볼 수 있어요. 농촌은 어떻게든 변해야 할 거예요. 더 좋은 방향으로요. 하지만 각자 생각하는 방향이 다르니 중요하게 생각하는 가치에 대한 사회적 합의가 필요해요. 기술의 발전, 소득과 성장, 수출, 탄소 중립, 농촌 공동체 유지, 생태계 유지 중에서 여러분은 어떤 것들에 우선적 가치를 둘지 궁금하네요. 이 중에서 두 개의 중요한 가치를 선택해 보세요. 친구들과 함께라면 각자 두 개씩 투표하고 높은 숫자 두 개를 선택해 봅니다.

그 다음에는 여러분이 중요하다고 생각하는 가치를 실현할 수 있는 지속 가능한 농업을 목표로 어떤 점을 개선시켜 나가면 좋을지, 어떤 전략이 필요한지 다음의 표를 통해 생각을 정리해 보세요. 표 안에 모

든 내용은 가치에 따라 변할 수 있고, 같은 가치가 선택되어도 내용은
바뀔 수 있어요.

〈예시〉소득과 성장, 탄소 중립을 주요 가치로 선택한 현 농업의 분석과 방향

내부 조건 외부 조건	강점	약점
	•농촌에 신기술이 투자되고 있다. •우리 농산물에 대한 선호도가 높다.	•농촌이 고령화되고 있다. •농업이 탄소 중립과는 거리가 있다.
기회	강점-기회 전략 (강점을 살려 기회 포착)	약점-기회 전략 (약점을 보완하여 기회 포착)
귀농 인구가 있다.	•우리 농산물에 대한 선호도가 높으 므로 귀농 인구는 늘어날 수 있다.	•탄소 중립을 고려한 농업 개발에 필 요한 인재를 영입, 지원할 수 있다.
위협	강점-위협 전략 (강점을 살려 위협 회피)	약점-위협 전략 (약점을 보완하여 위협 회피)
농촌은 탄소 중립의 가해자다.	•신기술을 통해 탄소 배출을 줄여 나 가고 관련 일자리를 통해 농촌을 성 장시킬 수 있다.	•고령화된 농업인이 어려움 없이 탄 소 중립을 실천할 수 있도록 교육하 고 물꼬의 높낮이 조절 장치 등 설 비와 제도를 지원한다.

더 생각해 보기

토양은 탄소 흡수원일까, 배출원일까?

토양은 훌륭한 온실가스 흡수원이 될 수 있어요. 땅의 탄소 저장 능
력은 대기의 2~3배이고 가장 효과적인 기후 변화 완화 수단이죠. 이
상적인 조건에서는 1헥타르의 토양 속에 1톤의 탄소를 격리할 수 있
어요. 하지만 우리나라는 농지 면적당 온실가스 배출량이 OECD 국가

중 1위(2014년)예요.

탄소를 저장해야 할 흙이 탄소를 배출하는 원인은 쟁기로 토양을 갈아엎으면서 땅속에 보관되어 있던 탄소가 공기 중으로 노출되기 때문이에요. 또 풍성한 생태계의 영양원인 토양 유기물이 분해되기 시작하면서 탄소 배출이 일어나요. 그런데 왜 쟁기질을 할까요? 씨를 뿌리기 전에 땅을 갈아엎으면 전에 심은 작물 껍질 등을 걸러 농지를 정리할 수 있고 병충해에 걸릴 확률도 줄어들죠. 하지만 쟁기질을 안 하면 땅이 더 오래 건강을 유지할 수 있고 더 많은 생명의 보금자리가 될 수 있어요. 어떤 가치를 더 중요하게 생각할지는 농부의 선택입니다.

또 토양이 탄소를 배출하는 원인으로는 논에 물을 대기 때문이에요. 벼를 키우기 위해 논에 물을 대면 자연스러운 습지가 형성되는데, 습지의 여러 장점과는 별개로 논에 댄 물은 혐기성 세균(미생물)이 자라는 환경이 돼서 이 혐기성 세균이 호흡하며 메탄을 발생시켜요. 자연 상태의 습지에서도 메탄이 발생하는데 메탄은 온실가스죠. 전체 메탄 발생량의 12퍼센트가 벼농사에서 배출되는데 이는 전체 온실가스 배출량의 2.5퍼센트에 해당해요. 소 사육과 함께 논이 메탄의 주요 배출원이에요.

이를 해결하려면 땅을 쟁기로 갈지 않고 그 위에 작물을 다시 심는 무경운 농법이나 모내기 없이 물 대지 않은 마른 논에 볍씨를 바로 뿌리는 직파법이 있어요. 또 벼농사 중 물이 필요 없는 시기에 물을 빼서 논을 말리는 방법이 있죠. 80만 헥타르 논에서 2주 이상 논을 말리면 메탄 발생이 절반 정도 준다고 해요. 그러나 농민들이 논에 가서 일일

위) 물 떼기와 논 말리기로 저탄소 벼농사를 짓는 농부.

아래) 재생 농업을 위해 흙을 관찰하는 호주의 농부.

이 논의 물꼬를 제때 조절하기에는 우리나라 논의 개수가 너무 많고 농민의 평균연령도 벌써 67살을 넘었어요. 국가적으로 탄소 중립을 목표로 물꼬의 높낮이 조절 장치를 도입하는 것도 방법이 될 수 있어요.

흙은 자연 상태에서 수많은 식물이 땅속 깊이 뿌리를 내리는 지지체이자 엄청난 수의 동물과 미생물이 살아가는 생태계예요. 그러나 각종 농약과 제초제, 살충제 등으로 생물 다양성이 사라지고 있지요. 질소 비료는 인류에게 엄청난 식량 생산 증대를 가져다주었지만, 20~30퍼센트만 농작물이 흡수하고 나머지는 강이나 바다로 흘러가서 녹조나 적조 현상을 일으켜요. 그리고 수중산소 농도를 떨어뜨려 수중 생태계를 위협합니다. 어떻게 하면 비료를 적게 사용하고 농약 사용을 줄이면서 토양의 탄소 저장 능력과 생물 다양성을 높일 수 있을까요?

지속 가능한 농업, 재생 농업

농약을 쓰지 않는 유기 농업이나 자연과 최대한 가까운 환경에서 농사짓는 생태 농업에 관한 이야기를 들어 봤을 거예요. 그렇다면 재생 농업은 어떤가요? 재생 농업은 흙 속에 유기물을 축적해 토양의 비옥도를 높이고 땅속 생물의 다양성을 높여 흙이 대기 중 탄소를 잡아두는 능력을 되살리는 농업입니다. 땅에서 영양분을 뽑아내는 것이 아니라 땅을 치유하는 방식으로 토양의 건강을 최우선으로 여기는 농법이죠. 로데일연구소에 따르면, 재생 농업은 일반적인 현대 농업과 비교해 탄소 배출량을 최대 70퍼센트까지 줄일 수 있다고 해요. 재생 농업은 최근 리서치 업체 테이스트와이즈를 비롯한 각종 기관과 매체에서 '2022년 식품 트렌드'로 선정했을 만큼 뜨거운 주제로 떠올랐어요. 기후 위기 해결과 지속 가능한 식량의 공급이라는 목표에 부합하는 농업 방식이기 때문이죠.

제너럴 밀스, 켈로, 월마트, 다농, 카길, 유니레버 등 해외 식품 기업들은 재생 농업으로 생산한 제품을 유통하기 위해서 농가와 협력하며 다양한 프로젝트를 진행하고 있어요. 작물의 종류부터 수확까지 농가와 세부적인 계획을 세워 기술 지원을 하거나 이를 효과적으로 실천해서 탄소 감축을 한 농가에 보상하는 형태로 재생 농업을 추진하고 있죠. 식품 소매 기업은 네트워크를 만들어 농가끼리의 협력을 유도하거나 재생 농업에 필요한 정보를 제공해요. 또한 여러 신생 업체와도 손을 잡고 재생 농업 모니터링 서비스를 제공하기도 하죠. 그 밖에도 탄소를 토양에 격리하고 토양 속 미생물을 다루는 다양한 신생 회사가 생겨나고 있어요. 지속 가능한 농업은 많은 주체의 노력과 협력이 필요해요.

4부

지구를 위한 목소리가 되어 줄게 나중이 아닌 지금, 다른 사람이 아닌 우리가

인어 공주의 목소리가 되어 줘

바닷속은 형형색색 신비한 물감을 뿌려 놓은 듯 아름다운 물고기들이 떼를 지어 다니고 산호초가 여기저기 하늘거리는 아름다운 곳이었죠. 어느 순간부터 바닷속에 산소가 부족해지면서 숨쉬기도 힘들어지고 산호는 본래의 색을 잃고 하얗게 말라 가더니 삶의 터전을 잃은 물고기들이 이동하기 시작했어요.

하지만 어디를 가도 마땅한 곳이 펼쳐지지 않고, 배가 고파 먹잇감인 줄 알고 먹으면 플라스틱 조각들이 배 속에 쌓여만 갔습니다. 고래들은 이유 없이 죽어 갔고 여기저기서 얼마 남지 않은 멸종 위기종들조차도 그물에 걸리거나 잡혀갔어요. 큰 상어부터 갓 태어난 어린 물고기까지 사라지고 있을 즈음, 점점 더워지는 바다에 방사능 오염수마저 쏟아져 들어왔어요. 생명의 서식지가 파괴되는 것을 바라보면서 바다를 지키던 인어 왕은 스트레스와 분노로 쓰러졌어요. 인어 왕에게는 딸이 하나 있었지요. 인어 공주는 바다의 위험한 상황을 알리고 우리를 지켜 달라고 구조 요청을 하러 육지 사람들을 만나야겠다고 생각했어요. 하지만 이런 모습으로는 사람들을 만날 수 없을 것 같아 깊은 바다에 사는 대왕 문어를 찾아갑니다.

바다 깊은 곳의 대왕 문어는 전설처럼 몇백 년을 살고 있었는데 지능과 경험이 인어 세상과 육지의 인간을 뛰어넘었어요. 깊은 바다의 압력을 견디기 위해 조개껍데기로 완전 무장을 하고 바다거북의 경호를 받으며 만난 문어는 인어에게 이런 말을 해 줍니다.

"네가 육지로 가고 싶으면 내가 주는 이 약을 먹으면 된다. 하지만 너는 다리를 얻는 대신 목소리를 잃게 될 거야. 그래도 육지로 올라가겠느냐?" 인어는 그렇게 하겠다고 고개를 끄덕입니다. 지금으로서는 가만히 있어도 죽을 테고. 공주로서 바닷속 생명이 죽어가고 있다는 것을 알려야 한다는 사명감이 더 크게 불타올랐죠. 이를 바라보며 시름시름 앓는 아버지를 위해서라도 뭐라도 해야 했으니까요.

"네가 육지로 올라가면 육지와 바다를 이어 주는 갯벌이 나타날 거야. 어린 조개들과 꽃게들이 자라고 철새들이 쉬어 가는 신비의 땅이지. 그곳에서는 달이 하루에 두 번 바닷물을 끌어당겼다가 뱉어 내는데 달이 바다를 뱉어 갯벌이 바닷물로 차오르면 네 다리가 생길 거야. 그리고 달이 바닷물을 다시 삼킬 때 새로 생긴 다리로 갯벌을 빠져나오면 된다. 너의 역할을 다하고 다시 바다로 돌아오고 싶다면 갯벌에서 달이 바다를 뱉을 때까지 기다려. 처음에 했던 것처럼 말이야. 그러면 다리는 다시 물고기 꼬리로 바뀔 것이고 달이 바다를 삼킬 때를 따라서 바다로 돌아오면 된다. 꼬리가 다시 생겨도 말은 다시 못해. 한번 인간이 되었던 대가지. 내가 말해 준 규칙을 절대로 잊지 마. 안 그러면 너는 다시 바다로 돌아올 수 없을 수도 있어. 알았지?"

가늘게 떨리는 인어 공주의 마지막 목소리가 거품이 되어 바닷물결 속에서 사그라집니다. 문어는 수백 년 묵은 먹물에 주문을 외운 뒤, 두 개의 소라껍데기에 나누어 담아 인어 공주에게 건넸어요. "하나는 다리를 만들 때 먹고, 하나는 꼬리를 만들 때 먹도록 해."

인어 공주는 갯벌에 나와 문어가 준 약을 먹고 바닷물이 들어올 때까지 기다립니다. 바닷물이 차오를 때. 어두운 밤하늘 아래 고통스럽고 아름다운 변화가 진행되었어요. 별빛만이 인어의 진통을 어루만졌지요. 바닷물이 다시 빠지는 새벽 어스름. 떠오르는 태양을 배경으로 인어 공주는 바다에 떠다니던 버려진 옷가지를 걸치고 유유히 걸어 나왔어요.

그러나 갯벌 주변은 공사장 차들이 분주하게 움직이며 흙과 모래와 돌을 붓고 있었어요. 아무도 인어에게 관심을 두지 않았어요. 그러다 보니 그 어떤 것도 전할 수가 없었습니다. 자신의 이야기를 전하기 위해 그림을 그리고 글을 써 보았지만 그런 걸 봐주는 사람은 없었어요. 사람들은 늘 바쁘게 움직이기만 했습니다.

'바다가 방사능으로 오염되고 있고. 플라스틱으로 뒤덮이고 온갖 쓰레기에. 얼마 남지 않은 생물들 남획에. 산소도 부족해지고 점점 뜨거워져서 아무도 살 수 없게 될 거라고 도와 달라고 하고 싶었는데.'

인어 공주는 목소리 대신 눈물만 나왔어요. 인어는 다시 인어가 되는 약을 가지고 갯벌을 찾아갔어요. 그런데 하루에 두 번씩 들어오던 바닷물이 하루. 이틀. 사흘. 한 달. 두 달. 하염없이 기다려도 들어오지 않았어요. 간척 사업으로 바닷물을 막았기 때문이죠. 수많은 생명체가 그대로 말라 죽어 갔습니다. 어느 날 갑자기 예고 없이 찾아온 자연의 변화. 아니 인간이 만든 변화 앞에 속수무책으로 갯벌 속 수많은 생명은 죽음을 맞이했어요. 이것을 처음부터 목격한 인어는 몸서리를 쳤습니다. 갯벌은 어느새 생명을 잃고 죽음의 냄새가 진동하는 곳이 되었어요.

그러던 어느 날 바닷물이 스멀스멀 들어왔어요. 물이 썩어 가니까 수문을 잠시 열기로 결정한 날이었어요. 인어는 얼른 약을 먹고 꼬리

수많은 생명을 품은 아름다운 갯벌이 간척 사업으로 방조제와 긴 도로로 변하는 과정.
그렇게 얻은 땅은 산업 단지, 신도시, 관광지, 농업 용지로 개발되고 있다.

를 갖추고 고향으로 돌아간다는 감격에 벅차 빠지는 바닷물에 몸을 맡겼어요. 그런데 잠시 열렸던 수문이 닫혀서 인어가 돌아갈 바닷길이 막혔어요. 이제 돌아갈 수도 없고 육지로 올라올 수도 없는 인어는 바다 근처 물고기가 많이 있는 곳으로 헤엄쳐 들어갔습니다. 그곳은 양식장이었습니다.

"와, 이거 대박인데. 돌연변이 괴생명체가 우리 양식장으로 스스로 들어왔네. 과학자들이 실험하다가 잘못돼서 버린 것이 떠다니다 여기로 흘러들어 왔나? 방사능 오염으로 돌연변이가 생겼나? 이걸 어쩌지. 신고하면 돈은 안 될 테고. 신고하기 전에 너튜브에 올려서 조회 수 올려 볼까? 수족관에 팔까?"

양식업자는 물고기 밥 주는 것도 잊어버리고 인어를 바라보며 열심히 머리를 굴렸습니다.

슬픔만큼 함께하기

인어가 목소리를 잃고 고통스럽게 다리를 만들어서라도 우리에게 와서 하고 싶었던 이야기에 귀를 기울여 주세요. 인어에게 필요했던 건 우리의 '관심'이었습니다. 우리가 인어 공주의 '목소리'가 되어 주어야 해요. 지구상에 공존하는 약한 존재에게 필요한 것은 '관심'과 '목소리'입니다.

인어 공주가 도착한 곳은 새만금 갯벌 '수라'입니다. 수라는 '수놓은 비단처럼 아름답다.'라는 뜻을 가진 갯벌이에요. 30년 넘게 진행된 새만금 개발 사업 중에도 끝까지 살아남은 갯벌로, 40여 종의 멸종 위기

종을 비롯한 수많은 생명의 서식지죠. 새만금 개발로 33.9킬로미터에 달하는 방조제가 설치되어 바닷길이 막히고 많은 어패류가 집단 몰살당했어요. 갯벌은 조개와 게가 함께 사는 어류들의 산란 장소예요. 방조제로 막히기 전에는 황금어장이었는데 환경이 급변하며 어민들의 삶도 각박해졌어요. 2021년 한국의 갯벌은 뛰어난 생태 가치를 인정받아 유네스코 세계자연유산에 등록되었죠. 그러나 사람들은 수라 갯벌에 신공항을 지을 예정이랍니다. 이미 근처에 군산공항이 있는데도 말이죠.

바다는 사람들의 쓰레기통이 되어 가고 있어요. 북태평양 미드웨이섬에 서식 중인 알바트로스라는 큰 새들은 먹이를 구하기 위해 수천킬로미터 이상을 날아가서 바다 표면에 떠 있는 먹이를 빠르게 낚아챕니다. 그렇게 배를 가득 채우면 섬으로 돌아와 새끼에게 음식을 게워 먹입니다. 그것이 플라스틱입니다. 그리고 플라스틱으로 배가 가득 찬 새들은 무거워져서 더는 날지 못하고 굶어 죽어요.

바닷속 생물들은 비닐을 해파리인 줄 알고 쫓아가기도 해요. 바다거북의 코를 뚫은 플라스틱 빨대 사진은 사람들에게 경각심을 주었죠. 그 후로 기업들은 그린 워싱green washing을 하기 위해 빨대를 종이 빨대로 바꾸기도 하고 빨대 없이 마실 수 있는 디자인의 플라스틱 일회용 컵도 등장시켰어요. 하지만 플라스틱 빨대 하나일까요? 파는 사람이나 먹는 사람이나 서로 마음 편해지려고 그렇게 했을 뿐, 플라스틱 용기에 담아 먹는 것은 똑같습니다. 우리나라 바다에서 죽은 거북의 내장에서는 각종 제품 포장지 등 비닐을 비롯해 스티로폼, 헝겊, 낚싯줄,

전단지까지 나왔어요. 심지어 바다거북의 근육에서도 미세플라스틱이 발견되었다고 해요.

플라스틱을 먹고 죽는 것은 바다 생물뿐이 아닙니다. 2020년 두바이·미국 공동연구진의 조사 결과에 따르면, 최근 20년간 두바이에서 사망한 낙타 3만 마리 중 300마리의 배 속에서 엉겨 붙은 플라스틱 덩어리가 나왔다고 해요. 두바이는 낙타가 흔해요. 도시 주변 사막에도 있고 도시에도 트레킹 등 여러 목적으로 낙타가 있죠. 낙타는 사람들이 버린 플라스틱을 먹이로 착각하고 배가 불렀고, 배가 찼으니 더는 먹이를 먹지 않다가 굶어 죽은 거예요. 이런 일이 두바이에만 있을까요? 우리나라의 길고양이나 유기견도 플라스틱을 먹기 위해 씨름하는 모습을 종종 보게 됩니다. 그러다가 플라스틱이 그들의 목에 걸려 덫이 되기도 하죠.

알바트로스도 바다거북도 낙타도 플라스틱이 무엇인지 알 수 없었어요. 수백만 년 동안 그들의 조상이 그래왔던 것처럼 자연이 제공하는 것들을 믿고 먹을 뿐이었죠. 그것이 인간이 성장을 위해 만들어 낸 부산물이라는 걸 우리는 아는데 그들은 알지 못합니다.

우리가 욕심껏 먹을 때, 우리가 먹기 위해 사용한 용기와 도구를 자연이 제공한 먹거리인 줄 알고 먹으며 죽음에 이르는 말 못하는 수많은 생물. 이러한 것들에 슬픔을 느낀다면, 그 슬픔만큼 지구와 생명을 사랑하고 있다는 것을 깨닫는다면, 우리는 슬픔을 외면하지 않는 용기로 그들과 함께할 수 있을 거예요. 그 마음이 관심이 되고 울림이 되어 모두를 살리는 목소리가 될 것입니다.

딜레마에 빠진 식량

기후 변화로 가뭄, 폭우, 홍수 같은 기상 이변과 극한 기후가 발생하고 있어요. 이러한 기상 이변이 농업과 먹거리 체계에 심각한 영향을 미치고 있어요. 지구 평균기온이 1도 올라갈 때마다 세계 주요 곡물 생산량은 3~7퍼센트 정도 감소하는데, 증가하는 인구를 부양하려면 매년 2~3퍼센트 정도 식량 생산을 늘려야 해요. 이런 이상기후 속에서 2050년까지 35퍼센트의 식량을 더 생산해야 하죠.

그런데 식량을 생산할수록 생태계는 파괴됩니다. 우리는 육지 면적의 3분의 1 이상, 물의 약 75퍼센트를 작물 또는 축산물 생산에 쓰고 있고, 재생 능력을 초과하는 폐기물 배출로 육지 환경의 75퍼센트, 해양 환경의 66퍼센트에 영향을 끼치고 있어요. 이로 인해 생물 다양성이 파괴되고 식량은 다시 더 큰 위기를 맞이하게 됩니다. 고기를 먹기 위해 파괴하는 열대 우림과 음식물 쓰레기의 영향 등을 더하면 우리가 먹는 음식은 기후 위기에 심각한 영향을 주고 있죠.

식량 문제는 딜레마에 갇혀 있습니다. 기후 위기로 식량은 부족해지는데 인구 증가로 식량은 더 필요해지고, 식량을 생산할수록 지구 생태계는 붕괴되고, 이것은 다시 식량 위기로 나타납니다. 이러한 딜레마를 벗어나기 위해서는 지금까지의 방식을 되돌아봐야 해요. 인류는 이제껏 '자연을 착취하면서 더 많이 먹고자' 했어요. 그러면 이것을 바꾸어 보면 어떨까요?

첫째는 자연을 '착취하면서'를 바꾸는 것이죠. '자연을 살리면서 먹는 방법'을 생각해 볼 수 있어요.

둘째는 '더 많이'를 바꾸는 것이죠. '좀 덜 먹고 나누는 방법'을 생각해 볼 수 있어요. 이것은 더 많이 생산해야 한다는 생각을 바꾸고, 생산의 한계를 정해 그 안에서 아끼고 나눠 보자는 발상의 전환을 의미합니다.

셋째는 '먹고자'를 바꾸는 것이죠. 무엇을 먹을지, 얼마나 먹을지는 우리 각자의 의지에 달려 있으니까 실천이 훨씬 쉬워요. 예쁜 모습의 음식을 원하고 욕심껏 담아 놓고 다 못 먹고 버리기보다, '못생겨서 버리는 것을 챙기고 먹을 만큼만 담으면서 버려지는 것을 줄이는 방법'으로 변화를 이루어 낼 수 있습니다.

첫째 이야기인 '자연을 살리면서 먹는 방법', 즉 생태계를 보전하면서도 생산성을 높이는 새로운 방법은 무엇일까요? 농업과 산림 개간 등 인위적인 토지 이용으로 인한 온실가스 배출은 전체의 23퍼센트라고 해요. 바꾸어 생각하면 농업 문제를 해결하면 23퍼센트의 탄소 배출을 줄일 수 있다는 것이죠. 즉, 농업이 기후 변화의 해결자가 될 수 있어요. 그것에 대한 대안으로 3부의 마지막 토론에서 재생 농업을 여러분에게 소개했습니다.

생태 발자국

'자연을 착취하면서 더 많이 먹고자' 하는 방식에서 벗어나는 두 번째 변화로 '더 많이'를 '좀 덜 먹고 나누는 방법'으로 바꾸려면 어떻게 해야 할까요? 사회경제적인 시스템의 변화가 필요합니다. 경제도 성장하면서 환경도 살리고 복지도 늘어난다면 좋겠지만 셋을 한꺼번에

만족시키기는 불가능해요. 흔히 우선 파이를 크게 키운 다음 나눠 주겠다, 혹은 나눠 주기 위해서 파이를 크게 키워야 한다고 말하며 경제성장을 우선시하지만, 이 방법은 결국 생태에 부담이 됩니다. 그래서 성장을 제한하고 복지와 생태에 초점을 맞추는 방법을 생각해 보는 거죠. 그중에서도 생태를 우선 가치에 둔다면, 우선 생태에 무리가 가지 않게 파이의 크기를 제한하고, 그 파이를 잘 나누는 방법을 시도하는 거예요. 물론 쉬운 일은 아니죠. 지금까지의 삶의 방식을 바꾸는 것이니까요.

이제까지 파이의 크기만 생각한 것이 GDP였어요. GDP는 국내총생산Gross Domestic Product의 약자로, 일정 기간(보통 1년) 한 국가에서 생산된 재화와 용역의 시장가치를 합한 것을 의미해요. 그런데 GDP가 올라간 만큼 온실가스 배출량은 늘고 GDP가 내려가면 온실가스 배출량은 줄어요. 생산에는 탄소 배출이 따른다는 이야기죠. 그래서 총생산을 늘리려고만 하지 말고 지구 생태계가 감당할 만큼의 경제 규모를 정하고 분배해 보자는 것이죠. 그렇게 하지 않으면, 아니, 그렇게 하지 않아도 지구 평균온도 상승이 2.0~2.6도로 진입하면 경제 손실이 GDP 평균 10퍼센트에 달한다고 해요. 경제 성장이 기후 위기를 심화시키고, 기후 위기가 다시 경제를 억누르는 악순환이 벌어질 거예요. 더군다나 우리나라는 인구가 줄고 있어서 저성장으로 갈 수밖에 없어요. 이런 상황에서 일자리를 더 늘리고 성장을 끌어올리려는 발버둥은 더 이상 가능한 선택지가 될 수 없을 거예요.

혹시 여기서 여러분은 충격을 받았나요? 지금까지는 '부모보다 잘사

유럽 주방 세제 기업들이 진행하는 탄소 발자국 줄이기 캠페인. 찬물로 자주 짧게 하는
방식으로 설거지 습관을 바꾸면 탄소 배출을 줄일 수 있다.

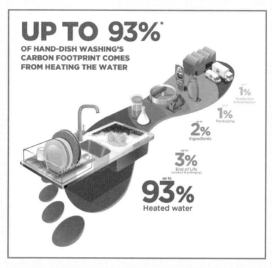

는 미래 세대'가 상식이었으니까요. 왜냐하면 늘 경제는 성장하고 있었거든요. 하지만 이제는 '부모보다 못사는 세대'가 출현할 수밖에 없어요. 우리는 성장이 없는 상황에서도 희망을 찾아내는 문화와 시스템을 만들어야 합니다.

"이전보다 더 많이 부를 축적해야 잘사는 것이다." "누구보다 더 많이 가져야 잘사는 것이다."라는 생각이 바뀌고 '잘산다는 것'의 개념이 바뀌어야 해요. 'rich'가 아닌 'well'로 말이죠. 부유하지 못한 스스로와 사회를 무능하다고 여기지 말고 소유하기보다 함께 사용하고, 비교하고 경쟁하기보다 서로 나누며 이미 가진 것을 감사해야 합니다. 소비를 통해 보여 주기식 만족에 취하고 유행을 따라가며 계속 버리고 바꾸는 것이 아니라, 오래된 물건이 더 가치 있고 품격 있게 취급받는 사회로 나가는 거죠. 명품을 소유해서가 아니라 스스로가 명품이 되고, 내면의 멋과 가치를 찾아가는 사회가 된다면 더 큰 집, 더 좋은 자동차에 대한 욕망 부풀리기를 멈출 수 있지 않을까요?

영국 케임브리지대학교 경제학 명예교수 파르타 다스굽타는 자연을 '우리가 가진 가장 중요한 자산'으로 정의했어요. GDP는 생물권 붕괴로 인한 자산의 감가상각을 포함하지 않았기 때문에 더 이상 국가의 경제 지표로 적합하지 않다고 주장해요. 그동안 우리는 손실된 밀가루값을 계산하지 않고 생산된 파이의 값어치만 따졌지만, 밀가루가 없어져 가는 지금, 파이만 키우는 방식에서 벗어나야 한다는 것이죠. 생산된 파이는 손실된 밀가루의 값어치를 포함해야 한다는 생각에서 자연을 구성 요소로 포함하도록 경제학을 재구성하는 것을 목표로 하고 있어요. 생물 다양성을 경제학의 핵심에 두자는 면에서 주목할 만해요.

이 밖에도 GDP가 아닌 다른 지표로 국가의 수준이나 상태를 알아보는 방법이 많아요. 그중 하나가 생태 발자국입니다. 생태 발자국은 지구 생태계가 재생할 수 있는 능력의 한계 안에서 인간의 경제 활동이 이뤄져야 지속 가능하다는 아이디어를 토대로 개발된 측정 지표예요. 생태 발자국은 지구 한계를 알려 주는 경고음 같은 역할을 할 수 있는데, 지금은 너무 빨리 경고음이 울려 고장 난 시계처럼 더 이상 알람의 기능을 하지 못해요. 전 세계는 매년 7월에 이르면 이미 지구의 생태 허용량을 모두 소진하거든요. 1년 동안 인류가 사용하는 자원을 감당하려면 지구가 1.7개 필요합니다. 우리나라는 심지어 이미 4월이면 국토가 감당할 용량을 넘어섭니다. 우리나라처럼 세계 인구가 살아간다면 지구가 3개나 필요하게 됩니다.

지구를 위한 도넛 안에서 살아가기

지구가 허용하는 생태적 범위 안에서 우리가 물질적 삶을 살아가는 길을 모색하는 새로운 경제적 접근법이 생태경제학입니다. 최근 코로나19 이후 많은 도시에서 주목받는 생태경제학 모델 중 하나가 '도넛 경제학'이에요. 경제학자 케이트 레이워스가 제안한 것으로, 여러 경제 학파의 아이디어를 종합해 만든 도넛 모양의 이론이죠. 간단하게 말하면 우리가 도넛 안에서 살아야만 균형 잡히고 정의롭게 살 수 있다는 의미예요.

도넛 안에서만 산다는 것은 어떤 의미일까요?

도넛의 안쪽 고리는 '복지를 위한 사회적 기초'로 그 안쪽 고리 안으로 떨어지게 되면 결핍이 일어나 물 부족, 식량 부족을 겪고 건강을 잃거나 문맹 같은 인간성이 박탈되는 일을 겪게 돼요. 도넛 바깥 고리는 '생태적 한계'로 바깥 고리를 벗어나게 되면 기후 변화와 생물 다양성 손실, 해양 산성화 같은 치명적인 환경 위기가 닥쳐요. 기초적인 필수 요건을 충족하면서도 지구의 수용 능력을 초과하지 않는 범위가 바로 도넛 안에 머무르는 것이죠. 도넛 경제학에서는 경제가 성장하거나 멈추거나 상관없이 '복지'와 '생태'를 고려해 균형을 유지하는 것에 초점을 두죠. 생태경제학 중 매우 실천적인 경제학이라는 점이 특징입니다.

어떤 점에서 그런지 예를 들어 볼게요. 2020년 4월 네덜란드 암스테르담은 도넛 경제학을 시 행정에 본격적으로 도입하기로 하고, 레이워스 박사와 함께 '도시 초상화 작업'을 시작했어요. 네 가지 관점(국제사회, 지역 사회, 국제 생태, 지역 생태)에서 상호의존적 질문을 통해 도시의 초상화를 그려보듯 현황을 파악하는 것이죠.

	국제 사회	지역 생태
지역 사회	"우리 학교와 마을에 번영은 어떤 의미일까?"	"우리 학교와 마을, 혹은 주변의 자연 서식지 내에서의 번영은 어떤 의미일까?"
국제 생태	"우리 학교와 마을이 전 세계 사람들의 건강이나 행복, 복지 등 웰니스에 미칠 영향은 무엇일까?"	"우리 학교와 마을이 지구 전체 건강에 미칠 영향은 무엇일까?"

이를 통해 암스테르담은 현실을 직시하게 됩니다. 그 하나의 예로 암스테르담이 카카오콩을 가장 많이 수입하는 도시 중 하나인데, 그 과정에서 탄소 배출을 엄청나게 하고 있고 아프리카에서 카카오콩을 수확하는 어린이들의 노동을 가혹하게 착취하고 있다는 사실을 직시하게 된 거죠. 암스테르담은 이를 해결하기 위해 식품 유통망 거리를 단축시키기로 했어요. 먼 곳에서 식품을 수입하지 않고 도심이나 도시 주변의 농업 생산을 활성화하는 방향을 생각한 거죠. 이를 실현하기 위해 지역의 상품을 사고파는 운동을 펼쳤고요. 이런 실천이 가능했던 이유는 '어떻게 하면 암스테르담을 모든 사람의 행복과 복지, 지구 전체의 건강을 신경 쓰면서도 번영하는 사람들의 도시로 만들 수 있을까?'라는 질문에서부터 시작했기 때문입니다. 하나의 목표를 향해 여러 조직, 기업, 주민들로 구성된 네트워크를 형성하여 협력했어요.

암스테르담은 주택이나 주거지 문제도 도넛 경제학의 가치에 비추어 '보건, 교육, 기후 변화, 대기 오염, 양성평등' 등에 긍정적인 영향을 줄 수 있는 방향을 고민했어요. 이 과정에 150개 이상의 기업과 전문가가 참여할 정도로 네트워크 규모가 점점 커졌지요. 이 네트워크는 혁신적인 변화를 일으키고자 하는 열정적인 사람들로 채워졌고 그들은 현장의 지식과 경험을 다양하게 공유했어요. 그리고 이런 도시의 모습은 모델이 되어 도넛경제학행동연구소DEAL Doughnut Economics Action Lab. 를 통해 세계 각지로 퍼져 나갔죠. 덴마크 코펜하겐, 캐나다 너나이모, 미국 포틀랜드와 필라델피아, 영국 레이디우드, 중남미의 코스타리카도 이 정책을 시행하고 있어요. 시 정부가 나서지 않아도 캘리포

여러 가지 도넛경제학 모델들. 도넛의 안쪽과 바깥쪽 경계를 넘지 않고
도넛 안에 균형 있게 머무르는 모습을 보여 준다.

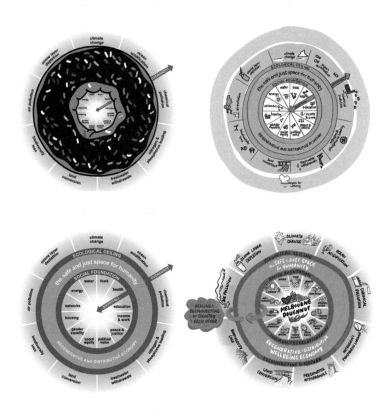

니아주 전역, 시애틀, 상파울루, 베를린, 쿠알라룸푸르 등에서 시민 주도로 아래로부터의 전환이 이루어지고 있어요. 우리나라에서도 도시와 마을, 혹은 학교 공동체에서 실천해 볼 수 있지 않을까요? 다음 질문에 함께 고민하고 실천해 나갈 사람들이 있다면요.

"어떻게 하면 우리 학교, 우리 마을이 주변 사람의 복지와 건강, 행복 그리고 지구 생태계 전체의 건강을 신경 쓰면서도 번영하는 학교와 마을을 만들 수 있을까?"

암스테르담에서 그랬던 것처럼 네 가지 관점에서 질문을 던지고 머리를 맞대고 시작해 보아요.

버려지는 것을 살려 내려는 노력

'자연을 착취하면서 더 많이 먹고자' 하는 방식에서 벗어나는 세 번째 변화로 '먹고자'를 바꾸는 이야기를 해 볼게요. '먹고자'를 바꾼다는 것은 우리의 의지로 기호를 바꿔 보자는 뜻이기도 해요. 마트에 가면 채소나 과일을 고를 때, 싱싱하고 색이 선명하고 예쁜 걸 고르게 돼요. 어쩌면 당연한 겁니다. 그래서 못난이들은 상품성이 떨어지죠.

'낙동강 참외'를 들어 본 적이 있을까요? 처량한 신세인 '낙동강 오리알'처럼 선택받지 못한 처량한 참외가 낙동강에 둥둥 떠다니는 현상이죠. 해마다 우리나라 경북 성주에서는 상품성이 떨어지는 참외가 강에 무더기로 버려지고 있어요. 돈을 주고 헐값에 사 준다고 해도 불법 투기가 일어나고 있지요. 그냥 버리는 게 손쉽기 때문이죠. 그래서 낙동강은 철마다 물 반 참외 반이라고 할 정도로 많은 양의 참외가 둥둥 떠다니며 수질 오염을 일으키고 있어요. 지구 온난화로 상품성이 떨어지는 참외가 점점 더 많이 생산되고 있는데, 애써 농사지은 것을 버리는 농부의 마음도 썩 좋지만은 않을 거예요.

상품성이 떨어진다고 하지만 사실은 못생긴 과일일 뿐입니다. 시장에서 선택받지 못하는 '못난이 과일'로 인한 손실은 선진국의 경우 40퍼센트 이상이 소매와 소비자 수준에서 발생해요. 우리가 농산물의 외관에 지나치게 민감하면 폐기되는 양이 늘어나게 돼요. 만약 전 세계에서 버려지고 낭비되는 음식물의 4분의 1만 줄여도 8억 명 이상에게 식품을 공급할 수 있어요. 농업 생산성을 높이기 위해서는 혁신적인 기술과 많은 자원 투입이 필요하지만, 단순히 식품 낭비를 줄이는 활동만으로도 엄청난 효과를 달성할 수 있는 거죠.

네덜란드에 크롬꼬머Kromkommer라는 브랜드가 있어요. '비틀린 오이'라는 뜻인데, 2012년 네덜란드의 학생 옌터와 리산느가 음식 재료가 버려지는 것을 막을 방법을 찾다가 음식물 쓰레기 캠페인을 벌이고 있던 샨탈을 찾아가면서 탄생했죠. 그들은 함께 못생긴 음식 재료를 가지고 수프나 스무디를 만들기로 했어요. 그리고 2014년 시민들에게 크라우드 펀딩을 받아 크롬꼬머라는 이름의 매장을 운영하기 시작했죠. 크롬꼬머는 당근 주스, 토마토 수프, 오이 주스 등을 출시해 오프라인 매장 50곳에서 판매했답니다. 더 나아가 학교에 못난이 과일이 후식으로 나오는 프로그램을 진행해 예쁜 것에 대한 편견을 버릴 수 있도록 했어요. 우리나라 학교에서도 못난이 과일을 후식으로 제공하는 프로그램이 진행되면 좋겠죠?

먹고 남긴 음식, 어디까지 변할 수 있을까?

식품이 우리 식탁까지 오려면 많은 이의 수고와 노력이 필요해요. 동시에 많은 양의 탄소도 배출하죠. 조금만 찾아보면 식품의 탄소 배출에 대해 알 수 있는 사이트가 많아요.

- BBC : https://www.bbc.com/news/science-environment-464 59714
- 한끼밥상 : https://interactive.hankookilbo.com/v/co2e/
- 농림축산부 : http://www.smartgreenfood.org/jsp/front/story/story03_1.jsp
- HOW Green : https://hwgrn.github.io/howgreenfoodprintcal culator/
- 탄소나무 계산기 : http://www.foodemissions.com/foodemissions /Calculator

이미 많은 탄소를 배출하고 우리 식탁까지 온 음식인데, 이 음식이 쓰레기가 될 때 또 탄소가 배출돼요. 음식물 쓰레기는 놀랍게도 전 세계 온실가스 배출량의 약 8~10퍼센트를 차지해요. 전체 식량 생산량의 35퍼센트가 버려지는데 칼로리 기준 25퍼센트, 무게 기준 최대 50퍼센트까지 손실되고 있어요. 유엔환경계획의 보고서에 따르면, 세계적으로 매년 10억 톤의 음식물이 버려진다고 해요. 트럭 10억 대에 해당하는 어마어마한 양이지요.

어디서 이렇게 많은 낭비가 일어날까요? 가난한 나라는 저장과 운송 시스템의 부실로 음식물이 상하는 문제가 대부분이고, 부자 나라는 음식이 남아돌아서 문제가 됩니다. 부자 나라의 음식 손실은 약 2억 2,000만 톤이나 되는데 이 양은 아프리카 사하라 지역 전체의 먹거리 생산량과 같아요. 우리나라 환경미화원 1명이 수거하는 음식물 쓰레기는 하루 3,600킬로그램입니다. 환경부에 따르면 음식물 쓰레기 중 유통과 조리 과정에서 발생하는 쓰레기가 57퍼센트, 먹고 남긴 음식이 30퍼센트라고 해요. 음식을 남기지 않고 먹는 것도 중요한 거죠.

2014년 우리나라 학생들이 '무지개 식판'이란 아이디어를 냈어요. 학교에서 급식 시간에 먹을 만큼 음식을 받고 싶은데, 먹고 싶은 양이랑 실제로 먹는 양을 잘 몰라서 음식을 남기게 된다는 것을 설문과 인터뷰를 통해 알아냈어요. 그리고 문제를 해결하기 위해 식판에 먹는 양을 스스로 알 수 있도록 선을 그어 보았지요. 선을 긋고 보니 무지개 모양을 닮아 무지개 식판이라고 부르게 되었는데, 이 식판을 사용하고 나서 이전에 남기던 양의 70퍼센트가 줄었다고 해요. 무지개 식판은 시중에서 팔기도 하고 이를 사용하는 학교도 많답니다.

음식물 쓰레기를 활용한 과학자들의 다양한 시도도 있어요. 마트에서 유통기한이 지난 빵을 사다 말려 가루로 만든 다음 곰팡이 포자를 넣으면 곰팡이는 세포벽에 있던 키틴과 키토산으로 미세한 실을 만들어요. 나머지 영양소를 제거하면 곰팡이가 만든 천연섬유만 남는데 이것으로 의료용 붕대나 의류를 만들 수 있죠. 그리고 곰팡이 세포액을 건조시킨 뒤 나무에서 추출한 천연 성분을 첨가해 곰팡이 가죽을 만들고 이것으로 지갑을 만들기도 했답니다. 플라스틱 합성섬유와 동물 가죽, 면 같은 천연 소재 섬유를 대체하려는 시도였다고 해요. 사과 주스로 가공하고 남은 사과 찌꺼기를 이용해 과일과 채소 등을 포장하는 포장재로 만들기도 했어요.

푸드테크 신생 기업들도 버려지는 음식을 줄이거나 활용하는 다양한 시도를 하고 있어요. 푸드테크는 식품에 관계된 기술을 말해요. 영국의 재활용 기업 검드롭은 사람들이 씹다 길에 뱉은 껌을 수거해 고무장화와 휴대폰 케이스, 일회용 포크 등을 만들었어요. 세계적인 곡물 대기업은 인공위성을 띄우고 세계 곳곳의 농업 생산 현황을 분석해 어디에 얼마나 공급할 수 있을지 예측해서 수요와 공급을 연결하기도 해요. 우리나라의 한 벤처 기업은 유통기한이 얼마 남지 않은 식품을 최대 80퍼센트까지 할인된 가격으로 취약 계층에 공급하는 사업을 해요.

네덜란드 기업 원서드는 냉장 유통 물류 시스템에서 재배 농가, 유통 기업, 소매 사업자 사이의 데이터를 연결하고 분석해서 식품의 과잉 생산을 막고 있어요. 그래도 남는 것은 가난한 사람에게 기부하고 여기서도 남으면 가축 사료로 전환해요. 만약 그것도 어려우면 식품에서 기름을 채취해 바이오 연료로 사용하고, 마지막에는 바이오 가스 생산이나 퇴비화에 사용하죠. 이 기업의 목표는 어떻게든 생산된 식품을 그대로 버리는 일 없이 활용하는 것이라고 해요.

먹을 수 없는 식품은 동물 사료, 퇴비, 곤충 사육, 바이오 에너지, 바이오 플라스틱 등 다른 제품의 개발에 적극적으로 활용하는 시스템이 필요합니다. 그리고 제품의 개발과 보관, 라벨링과 유통, 조리 방법까지 식품의 낭비를 줄이는 기술 개발도 중요해요. 미래의 지속 가능성

국제 인권 단체가 진행한 청소년을 위한 기후 행동 캠페인 포스터.

은 최대한 식품 손실을 줄이고 재활용하는 것에 좌우될 테니까요.

식량 폐기물을 줄이기 위해 국가와 가정에서 할 수 있는 일

2021년 유엔식량농업기구와 유엔환경계획의 요청으로 9월 29일이 '국제 식량 손실과 폐기물 인식의 날'로 지정되었어요. 음식물 쓰레기를 줄이는 문제는 인류의 지속 가능한 발전에 매우 중요하기 때문에, 이날을 기점으로 2030년까지 식량 손실과 식품 폐기로 낭비되는 식품의 양을 절반까지 줄이는 목표를 정했죠. 그리고 2023년까지 유럽 전역에서 음식물 쓰레기를 줄이기 위해 법적 구속력이 있는 목표를 설정할 것을 제안했어요. 우선 불필요하게 버려지는 식품을 줄이기 위해 식품의 날짜 표시 규칙을 개정했어요. 소비기한과 유통기한이라는 식품 유효기간 표시법이 소비자의 불필요한 오해를 불러 식품이 폐기되기 때문에 이를 방지하기 위해서죠.

유럽의 새로운 공동 농업 정책 팜투포크farm to folk (생산, 가공, 유통, 폐기 네 단계에 이르는 전 과정에서 효율성을 높이는 것을 목적으로 한 유럽의 농업 정책)에서도 가장 중요하게 다루는 것이 음식 폐기를 줄이고 폐기물을 재활용하는 비율을 높이는 거예요.

2014년 프랑스에서는 모든 대형 슈퍼마켓에서 판매되지 않은 음식을 농장이나 자선단체에 기부해야 하는 법률을 제정했고, 2016년 이탈리아에서는 기업, 상점, 식당에서 사용하지 않는 음식을 자선단체와 비영리단체에 기부하도록 세금에 인센티브를 제공하는 법률을 제정했어요. 독일은 2025년까지 1인당 음식물 쓰레기를 50퍼센트 줄이는 것을 목표로 설정했고, 유럽연합은 소속 국가 전체에 적용하는 음식물 쓰레기 지침을 개발 중입니다.

2015년 미국은 농무부와 환경보호청이 '2030년까지 음식물 쓰레기 50퍼센트 감축'을 국가적 목표로 수립했어요. 미국에서 버려지는 음식물은 공급량의 30~40퍼센트 정도입니다. 소매와 소비자 단계에서 31퍼센트 정도가 손실되며 무게로는 6,000만 톤, 금액으로는 1,610억 달러에 상응하는 가치의 식품이 버려지고 있어요.

2018년 12월 우리나라도 유엔의 지속 가능 발전 목표 중 하나인 '식품의 생산과 유통, 폐기 과정에서 발생하는 식품 손실 감소'를 실현하기 위해 2030년까지 식품 손실 지표를 개발하기로 하며 폐기물 감축 등에 나섰어요. 우리나라의 2019년 음식물 쓰레기 발생량은 약 522만 톤이며, 분야별 발생량은 가정이 76퍼센트, 음식점이 17퍼센트, 사업장이 7퍼센트 수준입니다. 음식물 쓰레기는 가정에서의 비율이 높아요. 정책적인 부분의 보완도 중요하지만, 필요한 식자재만 구입하여 먹을 양만큼만 요리하고 식당에서 먹지 않은 반찬은 미리 반납하고 용기를 준비해 남은 음식을 포장해 오는 것처럼 가정의 노력도 필요합니다.

이렇게 하면 한 사람이 1년간 탄소 4.3킬로그램을 줄일 수 있고 우리나라 인구 10퍼센트가 함께하면 2만 2,000여 톤을 감축할 수 있어요. 음식을 버리는 것은 사용된 물과 에너지도 같이 버리는 거예요.

가정에서 할 수 있는 음식의 유통과 포장 관련 노력도 생각해 봐요. 먼저, 비닐 사용을 줄이면 연간 6,000톤의 탄소가 줄어들어요. 장바구니를 활용하거나 생활 속 비닐을 적게 사용하도록 노력해야겠지요. 또한 배달 음식이나 배달 식자재 이용 비중이 부쩍 늘면서 포장과 유통을 위해 플라스틱, 스티로폼, 종이 상자, 냉매제 등도 많이 사용하고 있어요. 배달 상품이 안전하게 오도록 과한 포장으로 칭칭 감은 것에 높은 평점을 줄 때가 많은데, 환경을 생각한 포장과 배달에 높은 평점을 주면 판매자의 관점도 그에 맞춰 바뀔 것입니다. 이 밖에도 쓰레기가 적게 나오는 제품을 구매하고, 과대 포장하거나 불필요한 묶음 포장 제품을 피하며, 라벨 없는 용기나 재활용이 쉽도록 만든 제품을 우선 선택한다면 우리가 얼마든지 기업을 움직일 수 있어요.

기업에서 제품을 판매할 때도 불필요한 플라스틱 용기를 많이 사용하고 있어요. 2021년 자원 순환의 날을 맞아 한 환경단체가 제일제당, 오뚜기, 풀무원에 즉석조리 식품 내의 플라스틱 용기 제거 계획에 관해 질문하며 여론을 환기시키자, 기업들이 생산 설비를 플라스틱이 아닌 종이로 대체하겠다고 답변했어요. 기업이 물건을 생산하는 초기 단계부터 플라스틱을 줄일 수 있도록 해야 해요. 우리가 내는 식료품값에는 플라스틱 용기 비용도 포함되어 있거든요. 가정에서 음식을 구매하고 용기를 버리는 과정에서 실천할 수 있는 재활용과 분리 수거 등의 노력도 필요합니다.

또한 각종 행사에서 쓰레기 없는 축제를 기획할 수도 있어요. 신생 기업 중에는 기업 사무실 등에 일회용 컵 대신 다회용 컵을 비치하고 이를 세척까지 해 주는 시스템을 운영하는 곳도 있어요. 이런 다양한 아이디어와 시도를 국가가 지원하고 사회가 지지하면 판매자와 소비자 모두 일상적으로 다회용 용기를 사용하는 문화가 정착될 수 있겠지요.

우리가 할 수 있는 일

우리가 지금까지 책 속에서 나눈 내용을 정리하며 이야기를 마무리하고자 해요.

1. 멸종 위기종 생물을 보호하자.

2. 인간의 욕망을 위해 야생동물을 학대하지 말자

3. 닭이나 돼지, 소와 같은 가축의 복지를 생각하자.

4. 육식을 줄이자.

5. 아동 착취를 통한 제품을 구매하지 말고 공정무역 제품을 사용하고 확대하자.

6. 식품에 포함된 노동력 착취를 생각하고 생산 시스템을 투명하게 운영하도록 하자.

7. 탄소 배출을 줄이기 위한 재생 농업 등의 확대가 필요하다.

8. 생태의 한계를 고려한 새로운 경제 시스템을 도입해야 한다.

9. 식품의 개발과 보관, 라벨링과 유통, 조리 방법, 폐기까지 식품의 낭비를 줄이려고 노력해야 한다.

10. 사회적 약자를 고려한 기본 먹거리에 대한 지원이 필요하고 여러 대책 마련이 필요하다.

11. 방사능이나 플라스틱으로부터 지구의 오염을 막고 새로운 기술

을 개발하고 도입할 때는 지구 생태계와 인류에 미칠 파급력과 위험성을 고려해 신중하게 접근하자.

12. 정의로운 책임, 공정한 분배가 이루어지는 사회를 만들자.

13. 복잡한 문제를 해결하기 위해서는 토론 문화가 형성되어야 한다.

14. 같은 목표를 가진 사람들의 네트워크와 협력으로 변화를 유도할 수 있다.

15. '나'를 확장해 지구 위 또 다른 '나'의 슬픔에 관심을 기울이고 공감하면서 변화를 시작할 수 있다.

여러분의 의식 있는 작은 행동 하나하나가 지구를 살리는 방향으로 변화를 만들어 갈 수 있어요. 더 중요한 건 그런 의식을 가진 소비자와 시민이 목소리를 내고, 지구를 위한 먹거리를 선택하고, 투표를 제대로 해야 기업과 정책이 바뀐다는 사실입니다.

내가 무엇을 할 수 있냐고요? 무기력하다고요? 한 명이 한꺼번에 모든 것을 바꿀 수는 없지만, 내가 잘할 수 있는 것, 내가 하고 싶은 것, 지금 상황에서 해야만 하는 것을 생각하고 공통분모를 찾아 낸다면 거기에서 지구를 위해 할 수 있는 일들도 발견하고 여러분의 새로운 진로도 찾을 수 있을 거예요.

우리 앞에 닥친 문제를 단번에 해결할 수 있는 하나의 기술은 없지만, 함께하는 사람들의 생각과 마음은 순식간에 큰 변화를 만들어 낼 수 있어요. 그래서 우리 스스로가 희망입니다.

제가 들려준 모든 이야기가 기후 변화를 막고 생물종의 다양성을 유지해서 부유함이 아닌 모두가 잘사는 정의로운 지구 공동체를 구현하려는 수많은 인류의 노력에 한 숟가락을 더하는 이야기가 되었으면 합니다. 이야기에는 힘이 있거든요.

『사피엔스』의 저자 유발 하라리는 인간이 다른 생물종보다 뛰어난 이유에 대해서 이렇게 말합니다. 인간이 도구를 만들 줄 아는 능력을 가졌거나 지능이 높아서가 아니라 생물계에서 전적으로 유일하게 가진 '이야기를 통한 협력의 능력'을 가진 존재이기 때문이라고요.

긴 이야기를 함께 나눈 우리도 같은 목표를 향해 협력할 수 있을 거예요. 지금 이 순간 여기서부터 시작할 변화를 꿈꾸어 봅니다.

1부

- EBS 지식채널, 공포의 지느러미(2023. 2. 14)
- 한겨레, '상어 지느러미' 샥스핀 드셨나요?…국제거래 70퍼센트가 멸종위기 종(2022. 07. 22)
- 연합뉴스,연회장서 퇴출된 샥스핀이 한국에…작년 24t이나 수입(2022. 9. 24)
- 반달가슴곰-한국의 멸종위기종, 국립생물자연관
- 녹색연합, 웅담 채취용 사육 곰들에게 벌어진 황당한 일(2022. 1. 5)
- 동물권행동 카라, [공동성명] 사육곰 특별법 제정으로 곰 사육을 금지하라 (2022. 12. 9)
- EBS 지식채널, 살찐 간(2011. 3. 14)
- 이데일리, [괴식로드] 학대해서 확대시킨 거위 간…'푸아그라'(2021. 2, 20)
- 국제한경, 강제로 사료 먹이고 도축-논란의 푸아그라, 최근 사라진 까닭 (2022. 5. 11)
- TED, Dan Barber's foie gras parable
- 동아일보, 강제로 만든 '잔인한 푸아그라' 대신 자연방목으로 '시장 파괴적 혁신'을 이루다
- 『닭고기가 식탁에 오르기까지』, 김재민, 시대의 창, 2014.
- 『고기로 태어나서』, 한승태, 시대의 창, 2018.
- 애니멀라이트, 한국맥도날드, 개운치 않은 '케이지 프리' 선언(2018. 7. 21)
- 한겨레, 한 해 70억 마리 수컷 병아리 학살, '유전자 편집 닭'이 끝날까 (2022.12.14)

- 매일경제, [국가대표 농식품기업] 삼성에서 축산업 첫발⋯내 농장 꿈꾸며 마흔에 창업
- 아시아경제, 돼지가 이렇게 똑똑했다고? 입 벌어지는 '놀라운 지능'(2022. 11.11)
- 시선뉴스, 쓸모없는 존재로 취급되는 수평아리, 도살 막는 방법 없나(2022. 3.18)
- '공장 대신 농장을' 캠페인 홈페이지
- 한국농어촌방송, 임신돼지, 스톨에서 벗어난다(2022. 5.18)
- 농축유통신문, 농식품부, 산란계 강제 환우 금지(2020. 1.22)
- 매일경제, [국가대표 농식품기업] 삼성에서 축산업 첫발⋯내 농장 꿈꾸며 마흔에 창업
- 경향신문, '살충제 계란' 파동, 유럽서 한국까지 16일간 무슨 일이?(2017.8.16)
- 농림축산식품부, 2020년 축종별 항생제 판매량(돼지 501톤, 닭 139톤, 소 96톤) '축산분야 항생제 사용및 내성' 조사 결과 발표(2021. 10. 22)
- 경향신문, 잇단 이주 노동자 사망, 인권 차원서 대책 세워야(2017. 6. 4)
- 한겨레, 사람이 돼지 똥오줌 방에서 10년⋯이주 노동자 숨져간 이곳(2023. 3. 8)
- 과학동아, 잘살고 있니? 고기공장에 갇힌 가축(2011. 05호)
- KOSIS 국가통계포털
- 노컷뉴스, 한 지붕 아래 치킨집만 세 곳⋯거리제한도 '무용지물'(2021. 11. 09)
- 통계청, 최근 분기별 가축사육 동향
- 『식량위기 대한민국』, 남재작, 웨일북, 2022.
- 『탄소로운 식탁』, 윤지로, 세종서적, 2022.
- 『미래가 온다, 미래 식량』, 김성화 외 2인, 와이즈만북스, 2022.
- 『지구를 살리는 기후위기 수업』, 이연경, 한언출판사, 2022.
- OurWorldinData.org(2018)
- BBC 뉴스, 아마존 환경운동가 피살⋯지난 6개월간 벌써 5번째(2020. 4. 3)
- 『내일 지구』, 김추령, 빨간소금, 2021.
- 아틀라스뉴스, 노예무역에 나선 유럽인들⋯설탕에 녹은 피(2019. 7. 27)
- KBS 역사저널 그날, 노예를 싣고 출항한 욕망의 무역선(2021. 11. 27)

- EBS 다큐멘터리, 극한직업-필리핀 사탕수수 농장 1~2부(2011. 4. 13)
- 영화 〈어메이징 그레이스〉
- 공정거래무역 한국공정무역협의회(KFTO, 2021. 7. 6) 공정무역자료-설탕
- mbc 뉴스, 카카오 농장 어린이 노동 착취…눈물 밴 씁쓸한 초콜릿(2014. 11. 1)
- 나우뉴스, 아이들의 '피땀눈물'로 만든 초콜릿…유명 브랜드 줄줄이 피소 (2021. 2.13)
- 이코노미 인사이트, 아동노동으로 쌓은 초콜릿 제국(2023. 2.1)
- 공정거래무역 한국공정무역협의회(KFTO, 2021. 7. 6) 공정무역자료-초콜릿
- Life ln 뉴스, 카카오 농장 아동노동 착취 근절하기 위해 초콜릿 기업이 나서 주세요(2021. 2.10)
- 호주 정부 보고서, Great Barrier Reef Marine Park Authority, 「Environmental Statue: Water Quality」
- 월드투데이, '악마의 잼' 누텔라, 환경오염하는 '악마'?(2021. 8.31)
- 비건뉴스, 채식주의자도 기피하는 팜유, 대체재 개발 박차(2023. 3. 3)
- 세계일보, 초콜릿이 불러온 '기후 변화'라는 나비효과(2023. 2. 24)
- 연합뉴스, 안 잡힌다 싶더니…태국 경찰 미얀마인 밀입국 방조·가담 드러나 (2021. 1. 15)
- WORKMAN PUBLISHING, Shrimp Farming Slavery: What You Need to Know(2020. 3. 12)
- The Guardian, Shrimp sold by global supermarkets is peeled by slave labourers in Thailand(2015.12.15)
- THE CONVERSATION, 해산물 노예제도를 근절하는 것이 왜 그렇게 어려운가요? 법정에서도 정의가 거의 없다(2021. 1. 28)
- THE CONVERSATION, 노예가 잡은 해산물을 접시에 담지 않는 방법 (2018. 11. 8)
- WORKMAN PUBLISHING, Shrimp Farming Slavery: What You Need to Know(2020. 3. 12)
- 경향신문, '노예노동' 눈물 젖은 새우, 미국 '밥상에서 추방' 선언(2016. 2. 25)
- 한국일보, 새우는 어쩌다 '이 숲' 파괴의 주범이 됐나(2021. 9.16)

- heraldeco, 오늘 새우 드셨나요?…대신 맹그로브 숲이 사라졌어요, '양식장 난립에 파괴되는 숲'(2022. 11.18)
- 유엔식량농업기구, 「2022세계수산·양식동향(SOFIA)」보고서

2부 ....

- mbc 뉴스, 인도 토마토값 6개월 새 445% 폭등…휘발유보다 비싸(2023. 7. 7)
- MBN 뉴스, 인도, 토마토값 폭등 여파에…"맥도날드 햄버거에 토마토빠져요."(2023. 7. 8)
- 매일경제, 그 많은 치킨집 제쳤다…4년 새 점포 수 2배 많아진 업종은(2023. 1. 9)
- 한국경제, 영덕대게 없는 대게축제…"러시아산만 먹고 왔다"(2023. 3. 3)
- 해양수산부, 제1차 수산 식품산업 육성 기본계획, 2021.
- 한겨레, "해양생물 90퍼센트 멸종될 것"…당신이 안 변하면 현실이 된다 (2022. 8. 24)
- 비건뉴스, 선크림 속 '옥시벤존'이 산호초를 죽이는 방법(2022. 5.31)
- 국제 구호 개발기구 옥스팜과 스톡홀름환경연구소의 연구 결과 보고서
- 스탠퍼드대학교 노아 디펜바우 교수팀 보고서
- 연합뉴스, 기후재앙 투발루 장관 수중연설…"물에 잠겨도 국가 인정받나요" (2021. 11. 10)

3부 ....

- 생명공학정책연구센터, 바이오 에너지의 종류와 생산 방법
- 사이언스 타임즈, '미세조류'로 에너지 문제 해결
- 국제신문, [김해창 교수의 에너지 전환 이야기] 〈56〉 바이오 에너지의 실태와 과제를 말한다
- Eco-Tech Talk, 쓰레기로 전기를 만든다? 한계 없는 무한 에너지 생산! '바

이오 에너지'에 대하여(2023. 3. 30)

- AIF 아세안, [전문가 오피니언] 팜나무 산업: 인도네시아 재생 에너지의 보고(寶庫), Dimas Yunianto Putro, Chonnam National University PhD. Candidate(2022. 7. 4)
- 한겨레. 환경단체 "묻지마식 바이오 에너지 그만…환경 기준 만들어야 (2021. 8. 18)
- IEA, Net Zero by 2050, 2021.
- 한국에너지관리공단 블로그, '지구를 살리는 바이오 에너지'
- 중장기 기후 위기 대응을 위한 12개 법안 입법 패키지 '피트포55'(Fit for 55)
- 환경운동연합, 착한 기름은 없다: 한국 바이오연료 정책 현황과 개선과제 (2021. 8.19)
- 한겨레, 환경단체 "묻지마식 바이오 에너지 그만…환경 기준 만들어야 (2021. 8. 18)
- 한국농정신문, 마을과 축산이 만나 기후 위기를 준비했다 : 대표적 '농촌형 자립공동체' 꿈꾸는 원천마을(2021. 3. 7)
- 세계일보, 영국서 "플랜트 버거는 친환경" 광고 금지(2022. 6. 9)
- 글로벌 이코노믹, 美 임파서블푸드와 버거킹이 개발한 임파서블 버거, 안전성 '논란'(2021. 2. 9)
- Scientific Report, 2022 12:13062(2018.11~2020.11 기간 중 조사)
- 유엔식량농업기구
- 2021년 6월, 이스라엘 퓨처미트.
- 2021년 2월, 대한민국 씨위드.
- 헬스조선, 실험실에서 만든 고기 '배양육', 언제 식탁에 올라올까?(2023. 5. 24)
- 한겨레, '친환경' 배양육, 온실가스 배출량이 쇠고기보다 많다고?(2023. 5.16)
- 미국 컨설팅 회사 AT Kearny, 2020 보고서, 'How Will Cultured Meat and Meat Alternatives Disrupt the Agricultural and Food Industry'
- 농촌진흥청
- 농림축산식품부, 국내 곤충 산업 규모는 2011년 1,680억, 2015년 2,980억, 2020년 7,000억 추산.
- 한경닷컴, 소고기 대신 먹게 될 수도…요즘 뜨는 고단백 영양식(2023. 7. 11)

- 환경일보, '방귀세' 도입, 웃을 일이 아니다(2023. 1. 24)
- 한살림연합 식생활센터 주관, 기후 위기와 먹거리 포럼, '농식품 분야의 기술적 해결책 동향' 강연 자료, 김병수(성공회대학교 교수, 농림환경생태연구소 소장)
- 『미래 식량 전쟁』, 나상호, 글라이더, 2022.
- 'GMO의 최근 동향과 논쟁' 강연 자료, 김병수
- 『식량생산 제고를 위한 신육종기술』, 한지학·정민 공저, 식안연, 2017.
- 『크리스퍼 베이비』, 전방욱, 이상북스, 2019.
- 『DNA 크리스퍼 유전자가위』, 전방욱. 이상북스, 2017.
- 『유전자가위 크리스퍼』, 욜란다 리지, 서해문집, 2021.
- BRIC View, 세계 속의 GMO 작물의 위치와 전망
- 매일경제, GMO·유전자가위, 기후 변화·식량안보 파수꾼인데…규제에 꽉 막힌 한국(2022. 12. 9)
- 한국농정신문, '엉터리' GM 감자 안전성 승인 : 시민사회, 동아시아 공 GMO 사용 방지 활동 진행(2019. 5. 19)
- 사이언스온, 유전자 가위 편집 작물, 안전성, GMO와 다를까(2017. 1. 25)
- Waltz E. (2016) Gene-edited CRISPR mushroom escapes US regulation. Nature 532, 293(21 April 2016)
- 환경운동연합, GMO 수입 세계 1위 국가 한국, 식량 주권 지킬 수 있을까 (2019. 8. 16)
- 경향신문, 수입콩 두부 대부분에 GMO 유전자 있다(2018.10. 29)
- BRIC View, 세계 속의 GMO 작물의 위치와 전망
- 데일리원헬스, 유전자 변형 쌀이 기후 위기 시대 식량부족 '해결사'(2023. 1. 18)
- 한겨레, 논란의 '황금쌀'…20여 년 만에 밥상 오른다(2021. 8. 26)
- 사이언스 타임즈, 돌연변이 비밀 풀렸다: PIPK1-알파 효소 '핵심 작용' 규명 (2019. 3. 20)
- 팜뉴스, 툴젠, CRISPR 유전자 가위 특허 수익화 사업 본격 개시: CRISPR 유전자가위 원천특허 보유(2023. 6. 28)
- 부산일보, 후쿠시마 오염수 피해, 일본에 배상 요구 안 하나(2023. 7. 15)
- 동아사이언스, 2023. 7. 코앞으로 다가온 후쿠시마 오염수 방류 팩트체크 7
- 에너지정의행동, 『후쿠시마 오염수 투기의 문제점』

- marinetechnologynews, Nigel Marks, Brendan Kennedy, Tony Irwin, '후쿠시마 물 방출은 태평양에 어떤 영향을 미칠까요?', 2023.
- 한겨레, 일본, 월성원전 5,400배 발암물질 배출은 왜 말 안 할까?(2021. 12. 29)
- 한국일보, "한국이 원전 오염수 더 버린다"는 일본 주장 사실일까(2021. 4. 14)
- 대한민국 정책브리핑(2023. 7. 10. 국무조정실)
- 환경운동연합, 백도명(서울대학교 보건대학원 명예교수), '후쿠시마 괴담을 유포하면서'(2023. 7. 6)
- 환경운동연합, 최무영(서울대학교 물리학과 명예교수), '핵 오염수, 모르는 것을 안전하다고 하는 것이야말로 가장 비과학적'(2023. 7. 6.)
- 한국일보, 日, 후쿠시마 오염수 방류: 분열된 과학자들, 국민은 혼란스럽다…오염수 둘러싸고 서울대 원자핵공학과 시끌(2023. 6. 29.)
- 연합뉴스, 후쿠시마 오염수 방류, 국제적·과학적으로 문제없다?(2023. 4. 7)
- 머니투데이, 후쿠시마 오염수 방류 '초읽기'…"韓 영향 미미" 과학계 주장 근거(2023. 7. 4)
- News 1, IAEA '日 오염수 방류 적합'…엇갈리는 과학계 의견(2023.7. 5)
- KBS 뉴스, EU, 일본 후쿠시마산 식품 수입규제 철폐…"IAEA 종합보고서 환영"(2023. 7.13)
- 한국원자력산업협회 자료(2023. 1.)
- 한겨레, 독일, '탈핵할 결심' 12년 만에 완성…"안심, 주변국 원전은 우려"(2023. 4. 16)
- 식품의약품안전처.
- 대한민국 정책브리핑(2023. 7. 10)
- 벨기에 브뤼셀에서 일본 총리와 정상회담 뒤 열린 공동기자회견(2023. 7. 13)
- 『4차 산업혁명과 식량산업』, 한국식량안보연구재단, 식안연, 2018.
- 벤쳐스퀘어, 푸드테크, 미래의 IT 먹거리 핵심 산업으로 떠올라(2021. 2. 18)
- 성공회대학 부설 농림환경생태연구소 '기후위기와 지속 가능한 농업, 먹거리' 강연 자료, 김병수(2021)
- 인구동향조사(2015, 통계청)
- https://rodaleinstitute.org
- Farm to Fork(EU)

4부

- 중앙선데이, 새끼에게 플라스틱 먹이는 알바트로스, 가슴 아팠다(2019. 2. 23)
- 『크리스 조던』, 크리스 조던, 인디고서원 옮김, 인디고서원, 2019.
- 새만금시민생태조사단 리플릿, 오동필 외 4인, 2023.
- KBS 뉴스, 코에 빨대 꽂힌 희귀종 '올리브바다거북', 국내에도 서식(2019. 9. 10)
- 중앙일보, 죽음 부르는데…바다거북, 맛없는 플라스틱 먹는 진짜 이유(2021. 6. 26)
- 2019년 파리, 7차 생물다양성과학기구 총회, 「전 지구 생물 다양성 및 생태계 서비스 평가」 보고서.
- 기후 변화에 관한 정부간 협의체, 「기후 변화와 토지」 특별보고서(2019)
- 『기후를 위한 경제학』, 김병권, 착한책가게, 2023.
- 매일경제, 씹다 버린 껌이 타이어로, 빵 곰팡이가 가죽지갑으로…쓰레기가 신소재 자원된다(2022. 7. 4)
- 한겨레, "GDP 맹신에서 벗어나야 지구에서 오래 살 수 있다"(2021. 7. 29)
- [기후도시 암스테르담 편] 낡은 경제학을 뒤집는 도넛 경제의 도시?
- 한겨레, "GDP 맹신에서 벗어나야 지구에서 오래 살 수 있다"(2021. 7. 29)
- 「기후 위기와 지속 가능한 농업, 먹거리」 강연 자료, 김병수(2021)
- 『그건 쓰레기가 아니라고요』, 홍수열, 슬로비, 2020.
- 서울신문, 낙동강에 둥둥 떠다니는 '참외'…대체 무슨 일이?(2022.07.24)
- KBS뉴스, 유상 수매 해준다는데도…참외 낙동강 불법 폐기 여전(2023.07.08)
- 이성희, 『못난이 채소 크롬꼬머』, 한권의 책, 2021.

이미지 출처

p.18 • 미국해양대기청 NOAA

p.23 • 환경재단, 서울국제환경영화제 SIEFF

p.36 • https://www.friendsoftheearth.uk/sustainable-living

p.41 • 〈Right To Harm〉, 애니 스파이처 · 맷 웩슬러, 2019년.

p.46 • 국제축산연구소 ILRI

p.50 • 유엔식량농업기구 FAO

p.57 • 고기없는월요일 MeetFreeMondays

p.60 • Wikimedia Commons

p.63 • 위 : 〈노예 무역의 점진적 폐지를 위해〉, Isaac Cruikshank, 1792년.
     • 아래 : 〈서인도제도의 야만성〉, James Gillray, 1791년.

p.86 • 수산업종사자를한국제기구 ICSF

p.98 • 농업진흥청

p.114 • 유엔퍼머컬쳐인스티튜트

p.119 • https://www.youtube.com/watch?v=MxKvebmV2DI&t=6s

p.163 • https://www.youtube.com/watch?v=tXksi9gynQE&t=3s

p.195 • 〈Percy〉, Clark Johnson, 2020년.

p.214 • 국제원자력기구 IAEA

p.244 • 위: USplasticpact
      • 아래 : Unsplash©KzcJfomQ1QQ, ©Meritt Thomas

p.249 • Fairy innovation plan

p.260 • https://www.amnesty.org/en/what-we-do/climate-change

지구를 위한 식탁 토론

오! 우리가 먹는 사이에

초판 1쇄 펴낸날 2024년 4월 12일

지은이 | 이승희
펴낸이 | 홍지연

편집 | 홍소연 이태화 김영은 차소영 서경민
디자인 | 박태연 박해연 정든해
마케팅 | 강점원 최은 신종연 김가영 김동휘
경영지원 | 정상희 여주현

펴낸곳 | (주)우리학교
출판등록 | 제313-2009-26호(2009년 1월 5일)
제조국 | 대한민국
주소 | 04029 서울시 마포구 동교로12안길8
전화 | 02-6012-6094
팩스 | 02-6012-6092
홈페이지 | www.woorischool.co.kr
이메일 | woorischool@naver.com

만든 사람들
교정 | 이선희
디자인 | 스튜디오 헤이,덕